长江上游气候变化趋势及其对三峡水库发电量的影响

王文鹏　刘波　著

U0238170

中国水利水电出版社
www.waterpub.com.cn
·北京·

内 容 提 要

本书对现有气候水文序列的趋势检验方法进行了一系列改进，提出新的考虑方差修正的预置白趋势检验方法、新的基于统计量方差校正的Spearman秩次相关检验方法和考虑长-短持续性结构特征的Sen检验方法，新方法能够有效减少水文气象序列一阶及高阶自相关性对趋势诊断结果的影响。利用上述方法对长江上游自1901年以来的降水、气温、蒸散发数据的时空变化趋势进行了定量分析，基于建立的长江上游月水量平衡模型，定量描述了气候变化与工农业耗水、跨流域调水等人类活动对三峡入库径流变化的贡献；预估了未来气候变化与人类活动情景下三峡水库入库径流以及发电量的变化情况。对准确认识全球变暖背景下气候水文要素时空演变规律和长江上游水资源管理、三峡水电能源开发以及气候变化适应性政策的制定等具有较为重要的参考价值。

本书可供水利工程、地球科学等专业科研人员及高等院校师生参考，也可供相关领域的政府机构参考使用。

图书在版编目（CIP）数据

长江上游气候变化趋势及其对三峡水库发电量的影响/王文鹏，刘波著. -- 北京 : 中国水利水电出版社，2022.3
ISBN 978-7-5170-8060-2

Ⅰ. ①长… Ⅱ. ①王… ②刘… Ⅲ. ①长江－上游－气候变化－气候影响－三峡水利工程－水力发电站－发电量－研究 Ⅳ. ①TV737

中国版本图书馆CIP数据核字(2019)第208379号

书　　名	**长江上游气候变化趋势及其对三峡水库发电量的影响** CHANG JIANG SHANGYOU QIHOU BIANHUA QUSHI JI QI DUI SAN XIA SHUIKU FADIANLIANG DE YINGXIANG
作　　者	王文鹏　刘　波　著
出版发行	中国水利水电出版社 （北京市海淀区玉渊潭南路1号D座　100038） 网址：www.waterpub.com.cn E-mail：sales@mwr.gov.cn 电话：（010）68545888（营销中心）
经　　售	北京科水图书销售有限公司 电话：（010）68545874、63202643 全国各地新华书店和相关出版物销售网点
排　　版	中国水利水电出版社微机排版中心
印　　刷	北京中献拓方科技发展有限公司
规　　格	170mm×240mm　16开本　10.5印张　206千字
版　　次	2022年3月第1版　2022年3月第1次印刷
定　　价	**58.00**元

前言

长江上游是我国水资源量和水能资源最为丰富的地区之一，在我国水电能源结构中居于重要战略地位。其中，装机容量最大的三峡工程在2003—2011年累计发电量已经超过5300亿kWh，有效缓解了华中、华东等地区用电紧张的局面。然而，近年对三峡入库和长江上游控制站宜昌径流资料的持续观测均表明，自有记录以来长江上游年径流量已减少6%～9%。一方面，长江上游未来将承担跨流域调水任务，还将建成规模庞大的水电站群，预计天然径流的年际、年内分配将发生较大变化。另一方面，全球气候正在改变，深刻影响水文循环、水资源时空分布，北半球气温将可能普遍升高，降水将可能出现“干者愈干，湿者愈湿”的趋势。随着气候变化和人类活动对水文循环影响的加剧，三峡水库的年度来水可能进一步减少，年内分配可能更加不均匀，其发电潜力面临下降的风险。

对历史气候、水文要素变化趋势特征的评估结论大多基于各类趋势检验方法。其基本任务是从原始序列中识别趋势成分，并估计趋势发生的概率；使用恰当的趋势检验方法对正确评估水文气象序列的趋势变化显著性至关重要。长序列的历史观测数据集的使用，为更加全面准确地评判气候变化趋势提供了有力支持，是进一步研究水资源量对气候变化的响应，制定水资源管理方案的基本科学依据。

本书着眼于解决上述实际问题。旨在通过跟踪分析长江上游最新的水文气象观测资料，结合长序列气候数据集，以及最新的气候模式预估成果，首先评价三峡入库年径流过程及其年内分配的变化趋势，即回答“过去怎么变”的问题；进而评估不同气候变化及人类活动强度条件下，各类驱动因素对三峡入库径流量影响程度的定量化归因，分析其对三峡水库发电潜力产生的影响情况，即回答

“变化的原因”；最后对未来不同的气候变化及人类活动情景下三峡水库发电潜力进行预估，即回答“未来如何变”的问题。研究成果能够为及早应对气候变化对三峡水库发电潜力可能产生的不利影响、制定气候变化减缓与适应预案、合理调控流域水能资源提供科学决策依据。

全书共分8章，第1章介绍趋势检验方法、长江上游水文循环要素变化的国内外研究进展，综述国内外评估水力发电潜力对气候变化响应的有关结论；第2章提出一种考虑两项方差修正的自相关水文气象序列趋势检验的预置白方法，并通过统计试验和实例分析验证了新方法对降低趋势误判概率的效果；第3章提出一种新的基于统计量方差校正的自相关水文气象序列Spearman秩次相关趋势检验方法；第4章提出考虑水文气象序列长-短持续性结构特征的Sen检验方法；第5章分析1901年以来长江上游年降水量、平均气温和潜在蒸散发量等气候要素在站点和区域的时空趋势特征；第6章探讨三峡水库入库径流变化成因及其对发电量的影响；第7章采用新一代气候模式预估成果及温室气体排放情景预估三峡水库发电量变化；第8章总结本书研究取得的主要结论，浅谈未来发展方向。

本书的主要研究成果是在国家重点研发计划（2018YFC0407900）、国家自然科学基金青年基金项目（41701015）、国家博士后基金计划（2018M632222）共同资助下完成的。中国水利水电出版社有限公司的王若明、范冬阳编辑对本书的出版付出了大量心血，谨表示衷心的感谢。

限于作者水平和编写时间仓促，书中不足之处，敬请读者批评指正。

作者

2019年8月于南京

目　录

图 目 录

表 目 录

第1章 综 述

1.1 引言

宜昌以上的长江上游地区是我国重要的水电能源基地，技术可开发装机容量为24.4万MW，占长江全流域技术可开发量的87%，约占全国的40%（许继军等，2011）。在我国规划的13个大水电基地中有5个位于长江上游（Huang和Yan，2009），其中，坐落于上游出口的三峡水电站在2012年已完成全部32台机组装机，总容量2.25万MW，设计多年平均年发电量为882亿kWh，年最大发电量可超过1000亿kWh，是目前全球装机容量最大的水电站。根据长江三峡集团公司发布的《三峡工程运行实录（2003—2012年）》，2012年三峡水电站年发电创历史新高，已达981亿kWh，约占全国水力发电总量的14%，大力支援了国民经济发展。

大规模的水电开发，尤其是拦河筑坝不可避免地对所处流域的环境和社会现状产生负面影响，改变上下游水文情势、水质状况、水生生态，产生移民问题等，但水电能源的固有优势仍促使其规模迅速发展（Jia-kun，2012）。据《国际水电协会2013年水电报告》统计，自1993年以来，我国水电装机以平均每年9.71%的速率增长，2011年，水力发电量已达到6620亿kWh，约占全国各类能源总发电量的21%。据不完全统计，截至2009年年底，长江上游地区已建成的大型水电站总装机容量3.8万MW，年平均发电量超过1700亿kWh。2020年前完成的大型水电站总装机容量高达8.8万MW，相应年均发电总量将增加3800亿kWh（许继军等，2011）。在未来相当长时期内，长江上游以三峡工程为代表的水电能源供给仍然将主导我国的水电能源结构。然而，大规模的水电开发本身正在改变三峡来水情势。随着长江上游地区社会经济的高速发展，“生产、生活、生态”用、耗水量逐渐增加，南水北调西线、滇中引水等一批跨流域调水工程正按计划实施，三峡年度来水可能面临减少的不利局面。

水电能源本质上是利用了重力作用将上游来水运移至下游过程中所产生的动能。河流来水的多少及其过程决定了可利用的水力发电潜力。已开发水电工程的装机规模及发电潜力设计是基于历史水文气象观测记录算得。然而，以全球变暖为主要特征的气候变化正在并将持续改变水文循环过程。IPCC系列评估报告（吴绍洪，2009；翟建青等，2014）中指出，在全球尺度上，多个气候模式的集合预估结果都表明，大气中的水汽含量、蒸发和降水在本世纪内呈现增加趋势。气候系统水文循环过程的加剧势必引起水资源在时空上重新分配和水资源总量的改变。在全球尺度上，预计年径流量增加的区域主要集中在高纬度地区；在中低纬度地区及主要干旱区年径流量呈下降趋势；而在长江流域所属的东亚和南亚季风气候区，多个气候模式间关于年径流量的未来变化方向仍存在争议，总体认为将小幅度增加。但许多研究对长江上游控制站宜昌站的历史年径流过程分析却表明，近年来其年径流量较1990年前明显下降（张远东和魏加华，2010）。因此，在气候变化背景下，长江上游主要干支流来水的响应仍不明确，位于流域出口的三峡水库的发电潜力是否可能受到来水变化的影响亟待有力的研究成果来证明。

对历史气候、水文要素变化趋势特征的评估结论大多基于各类趋势检验方法，它们的基本任务是从原始序列中识别出趋势成分，并估计趋势发生的概率。使用恰当的趋势检验方法对正确评估水文气象序列的趋势变化显著性至关重要。长序列的历史观测数据集的使用，为更加全面准确地评判气候变化趋势提供了有力支持，是进一步研究水资源量的响应，以及制定水资源管理方案的基本科学依据。

本书着眼于解决上述实际问题的需求。旨在通过跟踪分析长江上游最新的水文气象观测资料，结合长序列气候数据集以及最新的气候模式预估成果，首先评价三峡入库年径流过程及其年内分配的变化趋势；进而评估不同气候变化及人类活动强度条件下，各类驱动因素对三峡入库径流量影响程度的定量化归因，分析其对三峡水库发电潜力产生的影响情况；最后对未来不同的气候变化及人类活动情景下三峡水库发电潜力进行预估。研究成果能够为准确识别与及早应对气候变化对三峡水库发电潜力可能产生的不利影响、制定气候变化减缓与适应方案、合理调控流域水能资源提供科学决策依据。

1.2　气候变化趋势检验方法

（1）自相关序列的趋势检验方法。在气候变化影响下，许多区域水文气象要素如降水、气温、蒸发、径流的时间序列平稳性被破坏。如何从序列短期随机波动中可靠地诊断出长期趋势变化的显著性，是水文统计领域面临的难点之一。目前，广泛使用基于秩序列的非参数检验方法，包括突变检测的Mann-Whitney（MW）（Yue和Wang，2002b）、Pettitt方法（Xie等，2014），线性趋势检测的Mann-Kendall（MK）、Spearman秩次相关检验方法（Spearman Rho Trend Test，SR）（Yue等，2002a）等。当前众多对水文气象要素趋势变化现象的认识都基于该类方法的分析结果。然而，序列内部自相关性的存在破坏了“序列满足独立性”的假定，对趋势检测能力产生影响。当原始序列不包含趋势成分时，正自相关性会错误地导致非参数检验方法检出显著趋势成分，即犯假设检验的第一类错误，并且犯该错误的概率会随着自相关性强度的增加而变大。

关于如何消除自相关的影响，直到1995年，才由von Storch提出预置白方法（Pre-Whitening，PW），即从序列中识别并剔除一阶自相关成分AR(1)（Lag-one Autoregressive Component），对剩余序列再进行趋势检验。当原始序列仅由一阶自相关成分和纯随机成分组成时，预置白方法无疑是最方便有效的去自相关影响的处理技术。然而，当原始序列中确实包含趋势成分时，Yue等（2002a）研究发现，去自相关成分的同时也削减了部分趋势成分，这势必降低原有趋势的显著性。另外，Yue等（2002b）还发现趋势成分的存在会导致自相关系数被高估，从而过度削减自相关成分，进一步降低趋势显著性。

为解决上述问题，Bayazit和Önöz（2007）建议当趋势强度较高且序列较长时，应避免使用预置白方法，以减少趋势显著性的缩减。Hamed（2009）建议事先修正一阶自相关系数的偏差，再实施预置白方法。Yue等（2002b）则提出了一种去趋势预置白方法（Trend-Free Pre-Whitening，TFPW），即在预置白操作之前事先剔除趋势成分。由于预置白方法操作简便，并且能够减少自相关性对趋势检验结果的影响，因此已被广泛应用于国内外水文气象序列的趋势检验工作中。为了对比直接预置白和去趋势预置白方法的检验性能，章诞武等（2013）采用MK检验并结合两类预置白方法，通过分析我国317个气象站的观测资料发现，两种方法的结果差异明显，在全国有63.4%的站点的年平均气温检测结果不同，有29.3%的站点的蒸发皿年蒸发量不同。Rivard与Vigneault（2009）以及Blain（2013）进一步利用统计试验证明，当序列实际包含趋势成分时，TFPW确实比PW方法具备更强的趋势检出概率。但问题在于，当序列实际不包含趋势成分时，TFPW犯第一类错误的概率更高。为此，Zhang等（2004）和Serinaldi与Kilsby（2016）又相继提出了迭代预置白和修正剩余序列方差的预置白方法，其检验效果都取得了一定改进。

样本分块抽样重组法（Block Bootstrap，BBS）也是一种常用的去自相关影响的处理方法。该方法认为序列可以被分割为若干样本块，样本块内部是自相关的，但分块之间相互独立。基于该假设，可以对分块进行多次抽样重组，形成足够多的新样本。采用标准的非参数检验方法计算每个重组样本的检验统计量，从而模拟检验统计量的经验频率分布。通过对比原始序列的统计量取值与该经验频率分布就可以估计趋势显著性。Önöz与Bayazit（2012）验证了

BBS 方法能较好地控制第一类错误不被自相关性过度放大，又可以保持较强的趋势检出能力，是一种较为稳健的自相关处理技术。其他抽样重组技术，如 Phase Randomization 和 Sieve Bootstrap 也在趋势检测领域有着不错的应用前景（Noguchi 等，2011；Radziejewski 等，2000）。

统计量方差校正方法（Variance Correction，VC）为处理自相关性的影响提供了一种全新的思路。该方法不再对分析序列进行修剪或重组，而是重新推导检验统计量，以适应序列非独立的新假设。Hamed 和 Rao（1998）最早发现正（负）自相关性会放大（缩减）检验统计量的方差，但不影响其均值和正态分布特性，并提出了校正 MK 检验统计量方差的理论计算公式。Yue 等（2004）建议在修正方差之前附加去趋势步骤，以获得更优的趋势检测效果。VC 方法的优点在于只需要估计序列的各阶自相关系数，而不需要预先识别序列的自相关结构，特别适合处理高阶自相关序列。

综合上述四种趋势检验技术的实际使用情况可以发现：

1）两种预置白方法使用最为广泛，但关于两种方法结果差异较大的理论原因尚缺少合理解释，预置白方法还存在进一步的改进空间。

2）VC 方法优点明显，但目前只有 MK 检验的统计量方差修正公式，尚缺少另一类常用的趋势检验方法，即 SR 统计量方差的修正公式。

实际上，MK 与 SR 方法具有近似的检验性能（Khaliq 等，2009；Yue 等，2002a），只关注 MK 检验，容易造成其他检测方法不如 MK 方法的假象。

（2）区域趋势检验方法。为了解流域尺度的气候变化特征，直接分析面平均序列是最常采用的方法。然而水文气象要素时空分布并不均匀，对于包含多个观测站点的区域而言，量级较低的站点对面平均值的贡献较小，这些站点即使发生显著变化也可能被湮没；将单站的趋势检验统计量平均，构造区域统计量能够有效弥补上述不足；Renard 等（2008）曾以洪峰流量为例说明了分析区域统计量相对于面平均序列的优点。趋势显著性本质上反映了长期趋势性变化（long - term trends，常用线性趋势斜率描述）相对于自然变率（natural variability，常用均方差或离势系数描述）的显著程度。对于水系发育的流域，分析干支流洪峰流量的平均序列，势必湮没了支流的洪峰变化特征。即便支流洪峰显著增加，在面平均序列中的贡献也相当有限，由此可能低估了支流洪峰增加所导致的洪灾风险。如果采用适当方法对干支流洪峰的趋势统计量做加权平均，构造区域统计量，则有可能在区域趋势检测中捕捉到支流洪峰显著增加的现象，及早采取防洪措施。

与自相关性的影响类似，序列间的互相关性也会影响区域趋势显著性。当两个序列高度相关且相关系数为正时，显然其中一个序列的部分信息与另一个序列相重复。与两个独立序列相比，互相关序列提供的有效信息量更少。对区域趋势检验而言，即使区域内各站点的水文气象要素都没有发生显著变化，如果站点序列间存在正向的互相关性，那么基于这些序列构造的区域统计量就有可能错误地检测出显著的变化趋势。

对互相关影响的处理也可以采取抽样重组技术。其基本思想是同时抽取原始样本中所有互相关序列在某个时间点的观测数据，随机摆放至其他时间点。经过多轮随机抽样后，组成若干新的样本。每个新样本中的序列数目和长度都与原始样本相同。对每个新样本构造区域趋势检验，模拟区域统计量的经验频率分布；该分布就保留了序列间的互相关性对统计量方差的放大作用。基于该分布，便可以正确估计原始样本所对应的区域趋势显著性。Douglas 等（2000）对美国 9 个水文分区的洪水和枯水的区域变化趋势进行检验，发现采用抽样重组技术可以明显减少互相关性引起的区域趋势误判。采用抽样重组技术前后发现，枯水显著增加的分区数目由 9 个减少到 3 个，洪水显著增加的分区数目由 6 个减少到 2 个。Yue 和 Pilon（2003）发展了区域抽样重组技术，提出可以将成上升和下降趋势的站点分开统计，分别估计区域呈现上升和下降趋势的显著性。Khaliq 等（2009）进一步考虑了自相关性对区域趋势检验的影响，提出了区域分块抽样重组法（Group Block Bootstrap，GBBS）。与 BBS 的设计思路类似，GBBS 将抽样对象拓展至互相关序列在相邻时间点的多个观测数据。

统计量方差校正技术也是有效削减互相关性影响的重要途径。Douglas 等（2000）推导出能够融合互相关系数的区域统计量方差校正公式；Yue 和 Wang（2002c）则进一步将自相关系数融合到该公式中，并检验了加拿大 10 个气候分区的年径流变化趋势。其研究发现，单站序列的自相关性及站点序列间的互相关性，对减少区域趋势检验的误判概率都具有相当重要的作用。

1.3 长江上游水文循环要素的变化

长江上游包括长江源头至宜昌水文站的广大地区，位于我国偏西南部的内陆腹心地带，为我国东部地区和青藏高原之间过渡地带，我国江河水系多发源于此。由于其特殊的地理位置和地形地貌特征及复杂的天气系统，是我国气候变化的“敏感区”。这里气候灾害频繁发生，导致干旱与洪涝灾害的气候系统复杂，是长江流域气候变化相关研究中非常重要的一个区域。

Zhang 等（2013）分析长江流域 147 个国家标准气象站观测资料表明，长江流域 1960—2005 年期间年平均降水量缓慢增加，降水强度的增加主要源于降水持续日数的减小趋势。冶运涛等（2014）通过分析长江上游降水结构的时空演变特征也发现，短历时降水集中出现的次数增加，占总降水量的比例增大，而长历时降水出现频次降低，占总降水量的比例减小，特别是在岷江和沱江流域、大渡河流域以及长江干流区间。Jiang 等（2008）对长江流域月降水量变化特征的研究成果表明，夏季降水增加趋势显著，且夏季降水与径流的相关关系较好，将导致夏季洪水发生的概率有所提高。Gemmer 等（2008）还发现，长江流域秋季降水减少可能加剧了汛后干旱事件发生的频次。Xu 等（2008）进一步根据分布式水文模型的模拟结果，认为长江上游天然径流过程也呈现出夏季增加、秋季减少的变化特征，是近年来流域洪、旱灾害频发的重要原因。

近年来，对上游控制站宜昌径流资料的持续研究表明，自观测记录以来年平均径流量显著下降6%～9%（Xiong 和 Guo，2004；Yang 等，2010）。在我国北方干旱、半干旱地区，如海河、松花江、辽河、黄河等主要江河流域的年径流减少也已见诸报道（Zhang 等，2011；张建云和王国庆，2007）。许多研究试图明确河川径流减少的成因，结果发现人类活动已经成为导致我国北方径流下降的重要因素（Lu 等，2015；Ma 等，2010；Ren 等，2002；Wang 等，2015；Zhao 等，2014；Zheng 等，2009；张树磊等，2015）。Zhang 等（2015）对长江中游汉口站径流资料的分析也支持上述结论，研究发现1961—2010年期间年径流量的持续下降主要归因于人类活动。Yang 等（2015）分析了三峡建库前后下游大通站的径流变化成因，却发现三峡建库仅能解释大通站年径流减少量的6%，工农业用水增加和水土保持措施等人类活动能进一步解释16%的减少量，而大约69%的减少量与降水减少有关。Liu 等（2012）对长江中游支流汉江丹江口水库的分析也发现，1990—2006年期间至少80%的入库径流减少量归因于降水减少。由此可见，长江流域上下游、干支流的径流变化成因并没有一致结论。因此，三峡入库径流变化的成因不能简单移用现有成果，而仍需作为特例单独研究。

分析长江上游气温、降水和蒸散发等气候要素的长期变化趋势，是定量解释径流下降成因、预估未来径流变化等重要工作的基础。目前，已有许多研究基于地面气象观测资料分析了长江上游气候要素的年际变化特征。Su 等（2006）和孙甲岚等（2012）相继发现自20世纪60年代以来长江上游大部分区域年最高、最低和平均气温呈现上升趋势，特别是在江源地区。王艳君等（2007；2011）研究发现气温上升并未导致陆面和水体蒸散发量上升。相反，年蒸发皿蒸发量、潜在蒸散发量和实际蒸散发量均呈现不同程度的下降趋势。值得关注的是，由于分析时段的不同，对降水趋势的判断也出现矛盾。王艳君等（2005）认为1961—2000年的降水序列通过了90%置信概率的上升趋势检验；而冯亚文等（2013）对1960—2009年的降水序列分析却表明，年降水量呈不显著下降趋势。Chen 等（2014）将分析时段延展至1955—2011年，同样发现年降水量略有减少。可见，趋势检验结果对分析时段的选择较为敏感，采用长序列观测记录，有利于提高趋势分析的可靠性。

随着降水、蒸发等气候因素的变化以及用水量的增加，长江上游近期的径流过程已经发生了显著变化。对长江上游1881—2006年径流数据的分析结果表明，宜昌站1990年之后的径流量比1990年之前明显降低，其中9月、10月两个月的降幅最为显著（张远东和魏加华，2010；钟平安等，2011）。如果这一变化持续发生，势必限制未来三峡水库的汛后蓄水和发电潜力。

1.4 气候变化对水力发电潜力的影响

（1）气候变化对水力发电潜力的影响机制。气候变化对水力发电潜力的影响，可以分为直接影响与间接影响两个方面（Mukheibir，2013）。直接影响主要是指全球变暖引起的气温升高、降水在年际和年内分配情势的变化，直接改变入库径流过程，进而影响水库的发电潜力。间接影响因素则包括气候变化引起的水库用水需求变化、供用电需求的变化、水库泥沙冲淤变化等。在对发电潜力的影响程度方面，显然直接因素居于主要地位。下面进一步将直接因素分解为气候要素的长期趋势性变化和短期极端事件变化两个方面，综述气候变化对水力发电潜力影响机制的已有研究成果。

1）气候长期趋势性变化对水力发电潜力的影响。依据传统的水文设计方法，确定水库规模和发电潜力都是基于历史长期的水文气象观测资料进行的。其基本假设认为水文气象要素无论在历史阶段还是在未来水库的生命周期以内都只在一定范围内波动，不会发生显著的趋势性变化。在全球变暖的背景下，这种平稳性假设受到越来越多的质疑（Milly等，2008；Salas和Obeysekera，2014）。一种合理的解决方案是从气象要素的观测序列中识别、分解出趋势性成分，进而分析其对入库径流和水库发电潜力的影响。

降水的趋势性下降势必减少水库的可利用水量，进而限制水库发电量。这在干旱地区表现得尤为明显。例如，非洲部分干旱地区的径流量降幅就达到了降水的2～4倍（de Wit和Stankiewicz，2006）。在美国加州的科罗拉多河，也出现了降水量减少10%，流域径流量减少40%的情况。发电量降幅在某些地区更是超过了径流，例如，在非洲赞比西河的Kariba水库，年径流量减少20%～30%，导致发电量比正常调度的情况减少56%～71%（Harrison和Whittington，2002；Yamba等，2011）。在中美洲的部分流域，径流量和发电潜力相对于降水的降幅更高（Maurer等，2009）。随着未来降水的持续减少，发电量减少的趋势也将持续。在北非尼罗河流域的多模型预估结果也表明，随着降水减少，流域平均发电量在21世纪上半叶尚能保持稳定，但后半叶将逐渐降低（Beyene等，2010）。

降水的增加趋势是否有利于水库增加发电量，则要考虑水库的调节能力、装机容量等因素的限制。分析美国加州American River的11座水库群对区域气候变化的响应就发现，未来流域汛期有可能提前，水文过程的峰值前移（Vicuna等，2007）。伴随该地区的气温上升，更多的降水以降雨的形式发生，并使得春季融雪提前。上述两项变化导致库容较小的水库不得不在冬季增加弃水量，减少了水库群的年度发电潜力。当然不可否认，降水增加对于增加水力发电潜力通常是有利的，例如，在加拿大魁北克北部地区，随着年降水量增加20%，水库年发电量就上升了15%。

此外，气温的趋势性变化会导致融雪径流发生变化、改变流域土壤含水量和实际蒸散发量，从而影响水力发电潜力。例如，加拿大落基山东部的预估结果表明，气温增加将导致冰川融雪的增加，使未来20～30年间的径流量增加，这有利于水库发电。但当冰川面积进一步减小，流域储水量减少后，需要建设更多的水库，发挥水库的调蓄能力，才能保证原有的发电潜力。气温升高还会增加水面蒸发损失，例如，在尼罗河的阿斯旺水库，估算由气温升高导致的蒸发损失量达到水库总库容的11%。不过，水面面积较小的深水型水库受蒸发损失的影响程度相对较轻。

2）极端气候事件对水力发电潜力的影响。已有大量研究表明，气候变化导致干旱和洪水等极端事件的发生频率有所增加。洪水发生时，径流式水库没有足够的调节库容来充分利用径流增量发电。即使是多年调节水库，在遭遇突发洪水时，出于大坝安全因素的考虑，通常也会选择弃水，因而无法生产额外的电量。大部分研究观点认为，洪水会导致水库弃水，同时增加额外的泥沙沉积，对水力发电潜力的增益并不明显。仅有少量的研究表明，暴雨洪水事件能够增加水库的水力发电潜力（Mideksa和Kallbekken，2010）。

气象干旱将导致河道径流量减少，进而引发水文干旱。在降水量及河道径流量显著偏少的时段，那些具有较大库容的年调节或多年调节型水库，可以利用其调蓄功能保持正常发电水平；而库容相对较小的径流式或季调节型水库则难于保证。由于水库通常需要兼顾工农业供水、航运以及区域生态用水功能，在干旱发生时，其他用水户的用水需求会增加供水紧张的局面，并进一步导致发电厂的可利用水量减少；流域内的植被蒸散发和水库水面蒸发也都会增加，进一步加剧了水量短缺的问题（Mimikou和Baltas，1997）。

（2）气候变化对水力发电潜力影响的区域化认识。研究气候变化对水力发电潜力的影响是对水资源影响研究的自然延展。但水电站利用河道来水的方式决定其发电潜力，一方面与来水的总量和时程分配有关，另一方面受制于电站的调节能力、与其他用水功能的水量分配等。因此，对水力发电潜力响应的研究从全球到流域尺度、从年至季节尺度都可能得出截然不同的结论。

Hamududu 和 Killingtveit（2012）采用由 12 个全球气候模式（GCM）在 SRES A1B（CO_2 中等排放）情景下集合预估的 2050 年全球径流变化结果，计算全球现有水电系统发电潜力的响应，发现对全球平均而言，水力年发电量大约增长 0.1%（25 亿 kWh）。根据该结论，气候变化对全球水力发电潜力的平均影响非常微弱。但当研究的空间尺度细化到洲际与国家，影响分析的结论开始展现出差异。

Lehner 等（2005）利用 HadCM3 和 ECHAM4/OPYC3 两种气候模式在 IPCC-IS92a（CO_2 排放量每年增加 1%，略高于 A1B）情景下预估的 2070 年欧洲各国径流变化结果，发现欧洲已建水电系统的发电潜力平均下降 6%～12%，其中欧洲西南部（葡萄牙、西班牙）与东南部（乌克兰、保加利亚与土耳其）下降比例达到 20%～50%，发电潜力增长的区域主要位于欧洲北部高纬度地区（北欧国家和俄罗斯），大约增长 15%～30%。对于水电装机比例在能源结构中比重较大的国家而言，如葡萄牙 45.5%、土耳其 44%，水力发电潜力的显著下降对能源稳定供给的影响不可忽视。

美国橡树岭国家实验室（ORNL）以美国能源交易管理局（PMAs）所属的四个电网分区为研究对象，使用 CCSM3 驱动的区域气候模式 RegCM3 在 A1B 情景下的径流预估成果，评估 2040 年，PMAs 所属的联邦水电站发电潜力大约平均下降 10 亿～20 亿 kWh，兼有±90 亿 kWh 的估计误差。虽然预估的发电潜力变化基本在历史正常波动以内，但也发现枯水年的比例与枯水程度都在增加，枯水年发电潜力的下降尤为显著。

Markoff 和 Cullen（2007）以美国西北太平洋沿岸为研究区，范围覆盖美国水资源最为丰富的哥伦比亚河。根据 7 种 GCM 模式在多个情景下的径流集合预估成果，估计 2080 年，区域内水电系统发电潜力的变化在－40%～10%之间，大多数模式的预估结果显示发电潜力下降；该成果与 ORNL 在同一电网区域的评价结果非常接近。

Wang 等（2013）以水电装机占全国 80%的 9 个省为研究区，基于区域气候模式 PRECIS 在 A2（CO_2 高排放）、B2（CO_2 低排放）与 Baseline（背景情景，CO_2 排放与现状相同）情景下的降水预估结果，评估发现即使在 B2 情景下，9 省的水电系统发电潜力在 2020 年与 2030 年将分别下降 2%（200 亿 kWh）与 4%（470 亿 kWh）。按照单位 GDP 耗电量换算，2020 年大约有 700 万人可能因为水力发电潜力的下降而无法获得正常电力供应。9 省中大部分位于长江上游的四川省水电蕴藏最为丰富，但发电潜力下降也最大，2030 年 B2 情景大约下降 15 亿 kWh，是气候变化影响最为敏感的区域。

在流域尺度方面：Schaefli 等（2012）对瑞士南部阿尔卑斯山区

Mauvoisin 水电站的研究发现，年发电量的显著下降不仅源于年度来水的显著减少，而且与来水的季节分配紧密相关，夏季来水的减少主要导致了年发电量的下降。Carless 和 Whitehead（2013）对威尔士中部 Severn 流域小型径流式电站的研究表明，虽然年度来水变化不大，但其实是夏季来水显著减少与冬季来水增加互补的结果。由于径流式电站没有预设调节库容，如果水电的设计装机不能充分利用冬季来水，那么年发电潜力仍然有下降的风险。

1.5 有待解决的关键问题

随着气候变化对水文循环过程的影响加剧，以及水资源开发利用强度的增加，三峡工程设计发电潜力的历史水文气象条件正在发生深刻变化。如何更加准确地评估水文气象序列的长期变化趋势？气候变化与人类活动对径流的变化分别具有多少贡献？在未来合理预估的气候变化情景下，其发电潜力是否还能达到设计标准，亦或优于设计标准？研究上述问题对于科学认知三峡水库的发电潜力、制定科学的调度策略、指导规划长江上游地区的水电发展规模具有重要的指示意义。

鉴于此，本书主要围绕解答以下关键问题展开：

（1）如何有效降低水文气象序列普遍存在的自相关性对趋势检验结果的影响？

当前众多对水文气象要素趋势变化现象的认识，广泛使用基于秩序列的非参数检验方法。然而，气候水文序列普遍存在的一阶或高阶自相关性破坏了“序列满足独立性”的假定，盲目忽略序列的这一统计属性，不加处理地采用趋势诊断方法将极有可能影响趋势检验结果的可靠性。当原始序列不包含趋势成分时，正自相关性会错误地导致非参数检验方法检出显著趋势成分，即犯假设检验的第一类错误，并且犯该类错误的概率会随着自相关性强度的增加而变大。有必要对常用的非参数趋势检验方法的研制原理进行深入分析，在充分论证的基础上，去除序列独立性假定，研制考虑自相关性的趋势检测方法。通过统计试验和研究区实例计算，验证改进方法的实际应用效果，改进方法将为解决自相关气候水文序列的趋势检测问题提供更可靠的分析工具。

（2）长江上游流域内的气候变化和人类活动因素对三峡来水变化的贡献率分别是多少？

长江上游地处我国东部地区和青藏高原之间过渡地带，是我国气候变化的“敏感区”。同时，随着工农业用水的增加、大中型水利工程的建设以及跨流域调水工程的实施，长江上游的水资源开发利用状况也发生了很大变化。分析长江上游气温、降水和蒸散发等气候要素的长期变化趋势，定量评价降水、蒸散发、水库初期蓄水、跨流域调水等因素对三峡入库径流变化的贡献率。揭示三峡来水在年尺度、年内分配发生变化的主要原因，有助于科学制定应对措施，以调整供用水计划、优化调水方案等，以缓解径流变化所导致的发电量损失。

（3）在合理预估未来变化环境下，三峡水库的发电潜力可能发生何种变化？

研究气候变化对水力发电潜力的影响是对流域水资源影响研究的自然延展。但水电站利用河道来水的方式决定其发电潜力，一方面与来水的总量和时程分配有关，另一方面受制于电站的调节能力、与其他用水功能的水量分配等。设计长江上游不同水资源开发利用情景，预估人类活动对三峡水库发电量的影响。利用IPCC第五次评估报告采用的不同温室气体排放情景下，全球气候模式集合平均输出成果，预估未来三峡水库发电量的变化趋势。

第2章 自相关水文气象序列趋势诊断的预置白方法

水文气象要素的观测数据在相邻时刻之间彼此关联的现象称为自相关性，这在年、月尺度的总量或平均值序列中并不鲜见。为了减少因自相关性引起的趋势误判，最直接的处理技术就是将自相关成分从原始序列中剔除，使剩余序列满足独立同分布的趋势检验条件，即预置白方法（PW）；如果在去除自相关成分之前，还事先剔除了趋势成分，即为去趋势预置白方法（TFPW）；这两种处理技术在水文气象序列的趋势检验工作中都得到了广泛应用。

本章通过回顾两种预置白方法的具体步骤，发现原方法在设计时忽略的两点问题：一是线性趋势斜率的估计量方差会随着正自相关性的增强而变大；二是预置白序列的方差要小于原始序列的方差。这两项方差的变化都会错误地扩大趋势检出的概率。为此，提出了一种考虑两项方差修正的预置白方法，并使用 MK 统计量检验剩余序列的趋势显著性。统计试验和实例分析的结果均表明，新方法能够更有效地降低趋势误判的概率，可用于检验自相关水文气象序列的趋势变化显著性。

2.1 回顾预置白方法降低自相关性影响的能力

2.1.1 自相关性对 MK 趋势检验的影响

对于独立同分布的随机序列 $X_t = x_1, x_2, \cdots, x_n$，可以定义 S 统计量为：

$$S = \sum_{i=1}^{n-1} \sum_{j=i+1}^{n} \operatorname{sgn}(x_j - x_i) \tag{2.1}$$

其中，符号函数 $\operatorname{sgn}(x_j - x_i) = \begin{cases} 1, & \text{If } x_j > x_i \\ 0, & \text{If } x_j = x_i \\ -1, & \text{If } x_j < x_i \end{cases}$

S 的取值范围在 $-n(n-1)/2$ 至 $n(n-1)/2$ 之间，$S>0$ 表示 X_t 可能存在上升趋势，反之亦然。当样本容量 n 足够大时，S 统计量近似服从正态分布。不考虑序列中存在等值数据点的情况，其均值 $E(S)=0$，方差

$\mathrm{var}(S)=\dfrac{n(n-1)(2n+5)}{18}$。

从而可以构造 MK 检验统计量 $Z_{MK}=S/\mathrm{var}(S)^{0.5}$，$Z_{MK}$ 服从标准正态分布。在显著性水平 α 下，若 $|Z_{MK}|>Z_{(1-\alpha/2)}$，则拒绝序列平稳的原假设，认为 X_t 存在显著上升或下降趋势。其中，$Z_{(1-\alpha/2)}$ 是标准正态分布在累积概率超过 $1-\alpha/2$ 时的取值。

MK 趋势检验本质上属于假设检验方法，其性能可以用第一类错误和检验能力来评价。其中，第一类错误是指当备检序列实际不包含趋势成分时，MK 检验拒绝原假设，错误检出趋势成分的概率。检验能力是指当备检序列实际包含趋势成分时，MK 检验拒绝原假设，正确检出趋势成分的概率。显然，人们总是希望在控制第一类错误的前提下，检验能力越强越好。

已有研究发现对于独立序列，第一类错误与显著性水平相等；检验能力与样本容量、线性趋势的斜率和显著性水平呈正比例关系，与序列的方差成反比（Yue 等，2002a）。而对于自相关序列，第一类错误会被正自相关性放大或者被负自相关性缩小；当样本容量与趋势斜率较大时，检验能力有时反而会随着正自相关性的增强而降低（Yue 和 Wang，2002a）。水文气象序列中的自相关性以正向为主，那么 MK 检验从正自相关的平稳随机序列中检出显著趋势成分的概率可能明显高于显著性水平。换而言之，对于具有正自相关性的水文气象序列，MK 检验得出的趋势变化显著性可能被高估，并不能准确反映长期趋势变化相对于短期随机波动的显著程度。

2.1.2 预置白及其他典型方法的处理能力

除了两种预置白方法外，统计量方差校正法（VC）和样本分块抽样重组法（BBS）也被广泛用于削减自相关性对 MK 趋势检验的影响。这里总结 4 种典型方法的处理能力，如表 2.1 所示。显然，各法都不能完全消除自相关性的影响。其中，VC - MK 和 PW - MK 能够较稳定地保持第一类错误接近预设的显著性水平，但检验能力随着正自相关性的增强而迅速减小；TFPW - MK 具有较强的检验能力，但并不能有效控制第一类错误。相对而言，BBS - MK 在保持较低的第一类错误和较强的检验能力之间取得了较好的平衡。然而，BBS - MK 需要至少进行 2000 次以上的样本重组，样本分块的最优长度也需要根据试验确定。对于包含大量观测序列的区域趋势检验问题，上述操作步骤在一定程度上限制了该方法的实用性。

预置白方法仍然是最为简单直接地处理手段。回顾 TFPW 的步骤，首先估计线性趋势的斜率进而剔除趋势成分；在去趋势序列中估计一阶自相关系数并移除一阶自相关成分；最后将趋势成分重新叠加至剩余的白噪声序列，再进

表 2.1　MK 检验的第一类错误和检验能力随逐渐增强的正自相关性的变化

典型处理方法	涉及的参数	第一类错误	检验能力
VC-MK（Hamed 和 Rao，1998）	多阶自相关系数	基本不变且接近显著性水平	迅速减小①
BBS-MK（Önöz 和 Bayazit，2012）	分块的长度，样本重组次数	逐渐增大且高于显著性水平	略有波动
PW-MK（Hamed，2009）	一阶自相关系数	基本不变且接近显著性水平	迅速减小
TFPW-MK（Yue 等，2002b）	线性趋势的斜率，一阶自相关系数	迅速增大且高于显著性水平①	波动较大，增大为主①

①　该变化是根据本章的研究成果总结。

行 MK 检验。Yue 等（2002b）通过统计试验证明，在样本容量达到 100 时，先估计线性趋势的斜率，再估计一阶自相关系数，都是近似无偏的。然而，线性趋势斜率的估计量方差会被正自相关性放大，图 2.1 可以清楚地反映这种现象。当原始序列平稳即斜率的真值 β 为 0 时，随着一阶自相关系数 $r(1)$ 的增大，越来越多的斜率估计值 $\hat{\beta}$ 偏离真值。将大量的非零估计值 $\hat{\beta}$ 叠加至白噪声序列显然会增加显著趋势检出的概率，这就导致第一类错误明显高于选定的显著性水平。

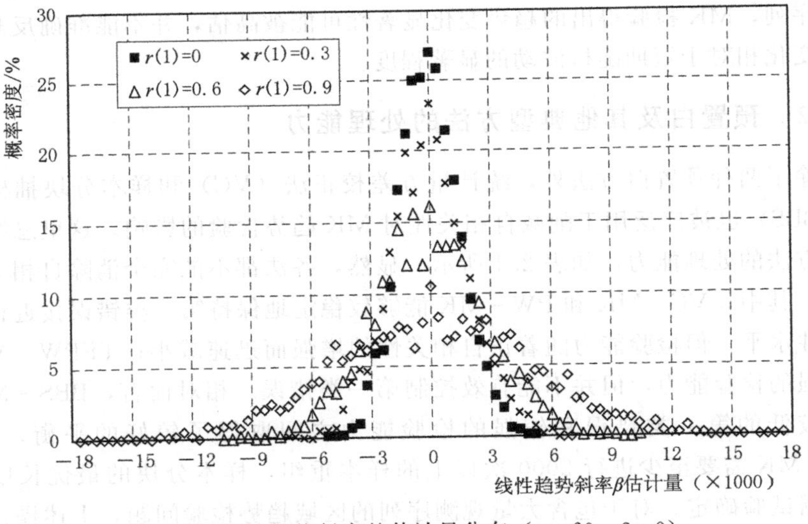

图 2.1　线性趋势斜率的估计量分布（$n=60$，$\beta=0$）

剔除自相关成分的步骤本身还会降低预置白序列的方差，使其低于原始序列的方差。因为检验能力与序列的方差成反比，所以 MK 检验从预置白序列中检出显著趋势的概率高于原始序列，即检验能力被放大。接下来详细解释预置白序列方差减小的原因。水文气象的观测序列可以由经典的平稳一阶自回归AR(1) 成分 A_t 与线性趋势成分 βt 叠加而成，如式（2.2）所示：

$$X_t = A_t + \beta t = \mu_A + r(1)(A_{t-1} - \mu_A) + \varepsilon_t + \beta t \tag{2.2}$$

式中：μ_A 为 A_t 的均值；ε_t 为白噪声序列，服从均值为 0，方差为 σ_ε^2 的正态分布。

实施 TFPW 操作之后，预置白序列 X_t' 可表示为

$$X_t' = A_t' + \beta t = A_t - r(1)A_{t-1} + \beta t = [1 - r(1)]\mu_A + \varepsilon_t + \beta t \tag{2.3}$$

式中，X_t' 的平稳随机成分 A_t' 的方差与 ε_t 的方差 σ_ε^2 相等。原始序列 X_t 中 A_t 的方差 σ_A^2 与 σ_ε^2 存在以下关系：

$$\sigma_A^2 = \sigma_\varepsilon^2 / [1 - r^2(1)] \tag{2.4}$$

显然，当 $r_{(1)} \neq 0$ 时，则始终有 $\sigma_\varepsilon^2 < \sigma_A^2$；当 $r_{(1)} = 0$ 时，才有 $\sigma_\varepsilon^2 = \sigma_A^2$。这表明除非原始序列是独立的，否则预置白序列的方差 σ_ε^2 始终小于原始序列的方差 σ_A^2。

2.2 考虑方差修正的预置白方法（VCPW）

2.2.1 预置白序列和线性趋势斜率估计量的方差修正

预置白序列的方差修正步骤很简单，首先估计序列方差的缩减系数 $\sigma_\varepsilon^2/\sigma_A^2$；然后用预置白序列的平稳随机成分 A_t' 除以该系数，所得结果保持了原始序列的方差。

类似地，可以通过估计线性趋势斜率的方差放大系数（Variance Inflation Factor，VIF）来修正原始估计量 $\hat{\beta}$，以降低其方差。VIF 的理论估计公式如式（2.5）

$$VIF = V[\hat{\beta} | r(1) \neq 0] / V[\hat{\beta} | r(1) = 0] \tag{2.5}$$

式中：$V[\hat{\beta} | r(1) \neq 0]$ 与 $V[\hat{\beta} | r(1) = 0]$ 分别为自相关序列和独立序列的斜率估计量方差。

Matalas 和 Sankarasubramanian（2003）提出了一系列适用于 AR(1) 序列 VIF 的理论估计公式，并发现当样本容量无穷大时，VIF 的极限估计公式如式（2.6）

$$\lim_{n \to \infty} VIF = [1 + r(1)] / [1 - r(1)] \tag{2.6}$$

表 2.2 给出了 AR(1) 序列（$\beta = 0$，$\sigma_A = 0.2$）的 VIF 统计试验结果。总体而言，VIF 是 $r(1)$ 和 n 的单调增函数。Matalas 和 Sankarasubramanian（2003）还注意到 VIF 极限值的一个有用性质，即对于给定的 $r(1)$，特别是当 $0 < r(1) \leqslant 0.6$ 时，不同样本容量的 VIF 取值与极限值

近似。因此，仅需要已知 $r(1)$ 就可以降低 $\hat{\beta}$ 的方差，如式（2.7）所示，使修正估计量 $\hat{\beta}'$ 更加接近真值（$\beta=0$）。

$$\hat{\beta}'=\hat{\beta}/\sqrt{VIF} \tag{2.7}$$

表 2.2　不同一阶自相关系数与样本容量条件下 AR(1) 序列的 *VIF* 取值

$r(1)$	样本容量 n						
	30	60	80	100	120	150	∞
0.1	1.18	1.20	1.23	1.23	1.17	1.24	1.22
0.2	1.45	1.44	1.44	1.49	1.43	1.49	1.50
0.3	1.73	1.78	1.83	1.83	1.82	1.91	1.86
0.4	2.08	2.20	2.20	2.24	2.28	2.29	2.33
0.5	2.60	2.73	2.86	2.94	2.92	2.96	3.00
0.6	3.33	3.65	3.74	3.78	3.72	3.87	4.00
0.7	4.19	4.89	4.99	5.11	5.19	5.51	5.67
0.8	5.31	6.88	7.44	7.89	8.03	8.46	9.00
0.9	6.13	10.82	12.65	13.75	14.33	16.05	19.00

然而当斜率的真值 $\beta\neq0$ 时，修正的斜率估计量 $\hat{\beta}'$ 的均值和方差都小于原始估计量 $\hat{\beta}$。如图 2.2 所示，$\hat{\beta}'$ 的方差更小，但均值缩减导致偏差增大。以下采用均方误（Root Mean Square Error，RMSE）来比较两个估计量的优劣。均方误指标 $RMSE=\sqrt{\sum(\hat{\beta}-\beta)^2/N}$ 实际上反映了估计量方差与偏差的平方

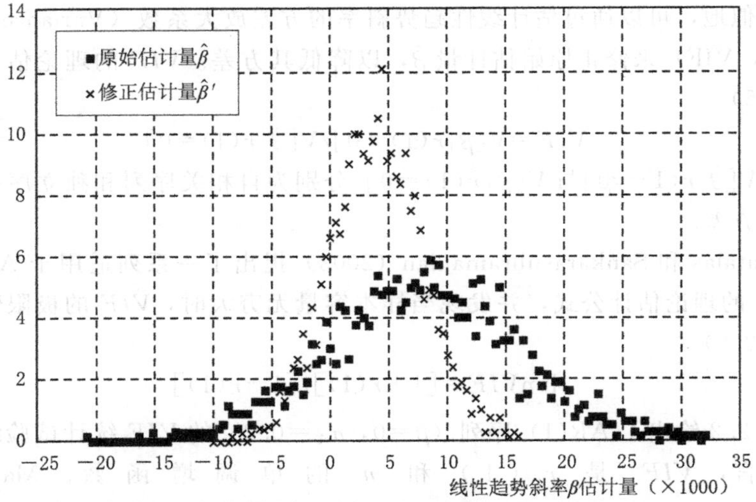

图 2.2　线性趋势斜率的原始估计量 $\hat{\beta}$ 和修正估计量 $\hat{\beta}'$ 的分布
（$n=30$，$\beta=0.008$）

和。由于 $\hat{\beta}$ 是对 β 的近似无偏估计量，其 $RMSE$ 与斜率的取值无关，所以这里仅给出 $\beta=0$ 时 $\hat{\beta}$ 的 $RMSE$ 结果，$\hat{\beta}'$ 的 $RMSE$ 则考虑不同斜率取值的影响，如图 2.3 所示，$\hat{\beta}$ 的 $RMSE$ 随着 $r(1)$ 的增强而增大，该变化印证了正自相关性对 $\hat{\beta}$ 方差的放大作用。样本容量显然有助于提高 $\hat{\beta}$ 与 $\hat{\beta}'$ 的估计精度，例如，$n=60$ 时斜率原始和修正估计量的 $RMSE$ 均小于 $n=30$ 时的计算结果。

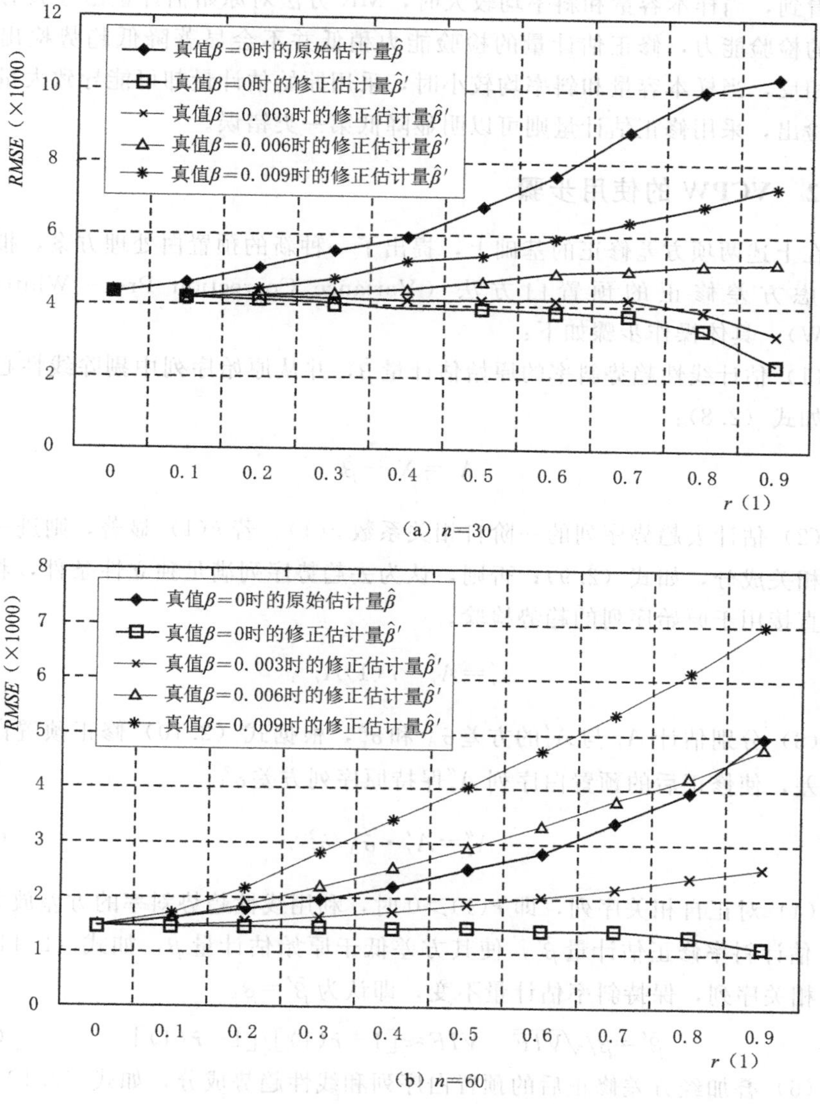

图 2.3　原始估计量 $\hat{\beta}$ 和修正估计量 $\hat{\beta}'$ 的 $RMSE$ 随 $r(1)$ 的变化

进一步比较两个估计量的 $RMSE$，发现大多数情况下，$\hat{\beta}'$ 的精度更高；例外情况仅发生在样本容量和斜率均较大时（如 $n=60$，$\beta\geqslant 0.006$）。此时，$\hat{\beta}'$ 的均值偏差较大，很大程度上抵消了方差缩减的作用，导致其 $RMSE>\hat{\beta}$。由式（2.7）可知，对正自相关序列，当斜率真值 $\beta\neq 0$ 时，总有 $|\hat{\beta}'|\leqslant|\hat{\beta}|$，说明 MK 方法对修正斜率估计量的趋势检验能力要低于原始估计量。然而也应当看到，当样本容量和斜率均较大时，MK 方法对原始估计量已经具有相当可观的检验能力，修正估计量的检验能力稍低并不会显著降低趋势检出的概率。相反，当样本容量和斜率均较小时，采用原始估计量却可能导致大量错误趋势检出，采用修正估计量则可以明显降低第一类错误。

2.2.2 VCPW 的使用步骤

在上述两项方差修正的基础上，提出了一种新的预置白处理方案，拟命名为考虑方差修正的预置白方法（Variance Correction Pre - Whitening, VCPW），具体操作步骤如下：

（1）估计线性趋势斜率的原始估计量 $\hat{\beta}$，并从原始序列中剔除线性趋势成分，如式（2.8）：

$$A_t=X_t-\hat{\beta}t \tag{2.8}$$

（2）估计去趋势序列的一阶自相关系数 $\hat{r}(1)$。若 $\hat{r}(1)$ 显著，则进一步剔除自相关成分，如式（2.9）；否则，认为去趋势序列满足独立性条件，将 MK 方法直接用于原始序列的趋势检验。

$$A_t'=A_t-\hat{r}(1)A_{t-1} \tag{2.9}$$

（3）分别估计 A_t 与 A_t' 的方差 $\hat{\sigma}_A^2$ 和 $\hat{\sigma}_\varepsilon^2$，根据式（2.10）修正预置白序列的方差，使修正后的预置白序列 A_t'' 保持原序列方差 $\hat{\sigma}_A^2$。

$$A_t''=A_t'\cdot\hat{\sigma}_A^2/\hat{\sigma}_\varepsilon^2 \tag{2.10}$$

（4）对正自相关序列，即 $\hat{r}(1)>0$ 时，利用线性趋势斜率的方差放大系数 VIF 估计斜率修正估计量 $\hat{\beta}'$，使其方差低于原始估计量 $\hat{\beta}$，如式（2.11）。对负自相关序列，保持斜率估计量不变，即认为 $\hat{\beta}'=\hat{\beta}$。

$$\hat{\beta}'=\hat{\beta}/\sqrt{VIF}\quad VIF\approx[1+\hat{r}(1)]/[1-\hat{r}(1)] \tag{2.11}$$

（5）叠加经方差修正后的预置白序列和线性趋势成分，如式（2.12）：

$$X_t''=A_t''+\hat{\beta}'t \tag{2.12}$$

（6）用 MK 方法检验新序列 X_t'' 的线性趋势显著性。

2.3 VCPW 处理效果的统计试验

2.3.1 试验方案设计

为了解新方法及其他典型方法对自相关性影响的处理能力，本次统计试验方案生成 2000 个样本容量 $n\in[10,20,\cdots,120]$ 的 AR(1) 序列并附加不同程度的线性趋势成分，如式（2.2）所示。其中，$\beta\in[0,\pm0.002,\cdots,\pm0.01]$，$r(1)\in[0,\pm0.1,\cdots,\pm0.9]$，$\mu_A=1.0$，序列离势系数 $Cv\in[0.2,0.3,\cdots,1.2]$。由 $Cv=\sigma_A/\mu_A$ 可知，原始 AR(1) 序列的均方差 $\sigma_A\in[0.2,0.3,\cdots,1.2]$。

对每个模拟序列，统计不同方法的 MK 检验拒绝率，如式（2.13）。当线性趋势斜率的真值 $\beta=0$ 时，拒绝率即为第一类错误；当 $\beta\neq0$ 时，拒绝率即为检验能力。

$$\text{检验拒绝率}=N_{\text{rej}}/N=\{\text{第一类错误},\beta=0;\quad \text{检验能力},\beta\neq0\} \tag{2.13}$$

式中：N 为模拟样本的总数，$N=2000$；N_{rej} 为拒绝原假设的样本个数。MK 检验的显著性水平 α 选定为 5%。

对于 BBS-MK 方法，首先确定每个样本的分块长度 $L=k+1$，k 表示样本的显著自相关系数中最小值的阶数；随后将样本按照 L 长度的分块随机重组 2000 次，以模拟 MK 检验统计量的样本分布。VC-MK 方法中的 S 统计量方差采用 Hamed 和 Rao（1998）推荐的经验公式修正如式（2.14）。PW-MK 方法采用 $\hat{r}(1)$ 剔除原始序列中的一阶自相关成分。

$$\operatorname{var}^C(S)=\operatorname{var}(S)\cdot\left[1+\frac{2}{n(n-1)(n-2)}\sum_{i=1}^{k}(n-i)(n-i-1)(n-i-2)\hat{r}_s(i)\right] \tag{2.14}$$

式中：$\hat{r}_s(i)$ 为秩序列的第 i 阶自相关系数，可由原始序列的自相关系数 $\hat{r}(i)$ 算得。

对于新方法 VCPW-MK 和 TFPW-MK，$\hat{r}(1)$ 均从去趋势序列中估计。趋势斜率的估计误差显然会影响 $\hat{r}(1)$ 估计的准确性，进而影响趋势检验结果。为此，下面的试验方案先不考虑趋势斜率估计误差，假设斜率真值已知，讨论新方法 VCPWMK 和 TFPWMK 对自相关影响的处理能力。然后，再讨论斜率真值未知时，各种典型方法处理自相关影响的能力。

2.3.2 已知趋势斜率真值时的试验结果

首先讨论线性趋势斜率真值已知的情况，即假设 $\hat{\beta}'=\hat{\beta}=\beta$。图 2.4 给出了

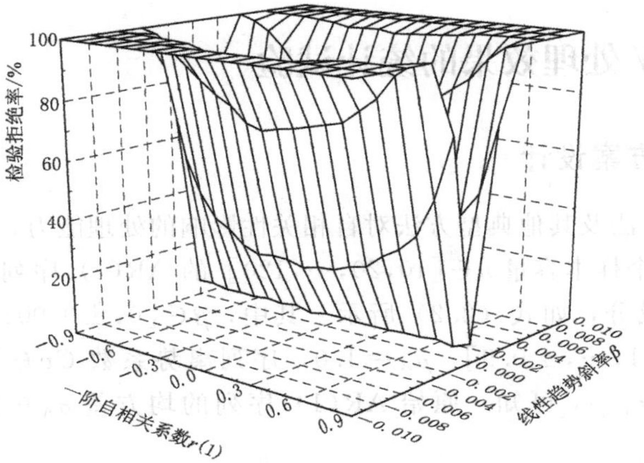

(a) $r(1)$ 与 β ($n=60$，$\sigma_A=0.2$)

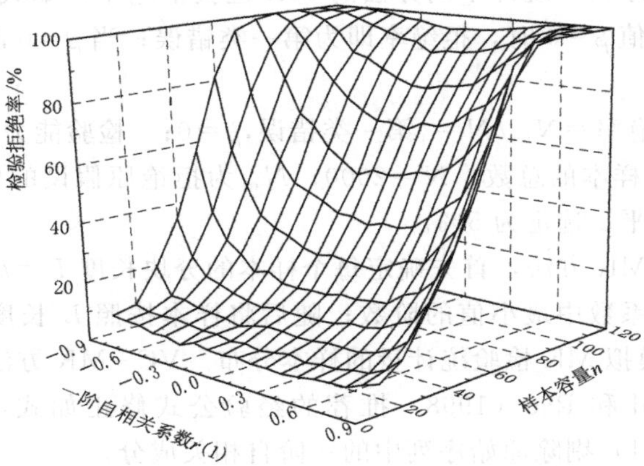

(b) $r(1)$ 与 n ($\beta=0.002$，$\sigma_A=0.2$)

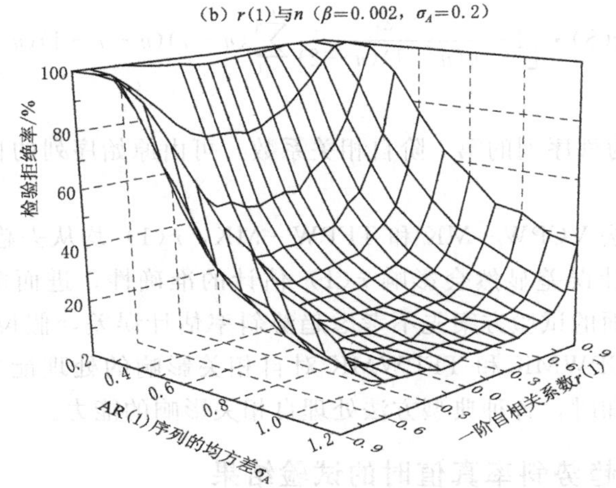

(c) $r(1)$ 与 σ_A ($n=60$，$\beta=0.006$)

图 2.4　TFPW－MK 方法的检验拒绝率随序列不同参数的变化

TFPW－MK 方法的检验拒绝率随 $r(1)$ 及序列其他参数（β、n、σ_A）的变化。结果表明，无论序列自相关或独立，TFPW－MK 方法的检验拒绝率都与 $|\beta|$、n 成正比，与 σ_A 成反比。在不同参数组合情况下，拒绝率都在 $r(1)=0$ 轴处取最小值，关于 $r(1)=0$ 轴对称；这说明 TFPW－MK 方法从自相关序列［$|r(1)|>0$］中检出显著趋势成分的概率要始终高于独立序列。可见，即使不考虑线性趋势斜率的估计误差的影响，TFPW－MK 方法也不能完全消除自相关性的作用。

相比之下，新方法 VCPW－MK 的效果明显改善。如图 2.5 所示，在斜率真值已知条件下，检验拒绝率几乎与 $r(1)$ 无关；这恰好说明预置白序列的方差修正对于降低自相关性影响的重要性。

2.3.3 未知趋势斜率真值时的试验结果

当线性趋势斜率的真值未知时，图 2.5 所示的理想状态会因为斜率估计误差的引入而发生变化。为了更细致地观察该变化，这里分别讨论自相关性对第一类错误和检验能力的影响，并与其他典型处理方法的性能做比较。

就第一类错误而言，如图 2.6（a）所示，PW－MK 与 VC－MK 最优，能始终保持在 5%左右。VCPW－MK 稍优于 BBS－MK，两者都随着正自相关的增强而略有增加，但都能控制在可以接受的范围之内。例如，对于中等强度的正自相关序列 $r(1)\leqslant 0.6$，当 $n=30$ 时，VCPW－MK 将第一类错误控制在 4.5%～12%之间；当样本容量扩充一倍（$n=60$）时，第一类错误进一步降至 4.5%～8.5%之间。

TFPW－MK 没能有效削减被放大的第一类错误。实际上，其错误概率随着正自相关的增强而迅速增加，甚至高于标准 MK 方法。例如，当 $n=60$ 时，中等强度的正自相关序列 $r(1)\leqslant 0.6$ 的第一类错误达到 5.3%～36.6%，高度自相关序列 $r(1)=0.9$ 的第一类错误更是达到 77%。另外值得关注的是：虽然扩充样本容量有助于降低斜率估计量 $\hat{\beta}$ 的误差（图 2.3），但并不一定能降低 TFPW－MK 的第一类错误。在本例中，$r(1)\geqslant 0.3$ 的序列在 $n=60$ 时的第一类错误均高于 $n=30$ 的情况。

就检验能力而言，如图 2.7 所示，PW－MK 与 VC－MK 最低，两者都随着正自相关的增强而迅速减小。VCPW－MK 与 BBS－MK 接近，两者仅在斜率较强 $\beta=0.008$ 时随着正自相关的增强而缓慢减小，在斜率较弱 $\beta=0.002$ 时基本保持稳定。

与 VCPW－MK 相比，TFPW－MK 的检验能力更强，但需要认真解读的是：①当斜率较弱 $\beta=0.002$ 时，VCPW－MK 的斜率估计量精度明显优于 TFPW－MK（图 2.3），这说明 TFPW－MK 的强检验能力未必是趋势变化强

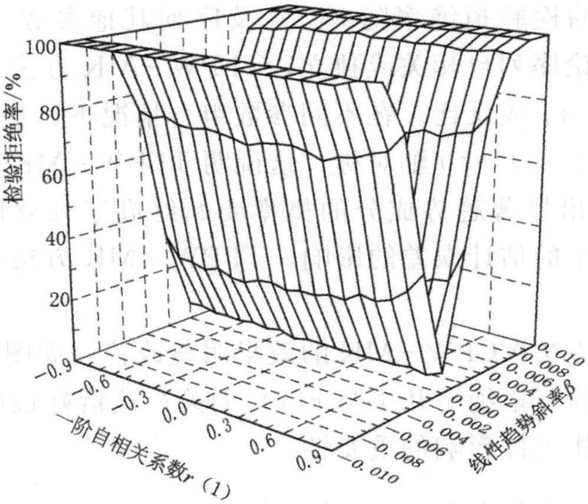

(a) $r(1)$与β（$n=60$，$\sigma_A=0.2$）

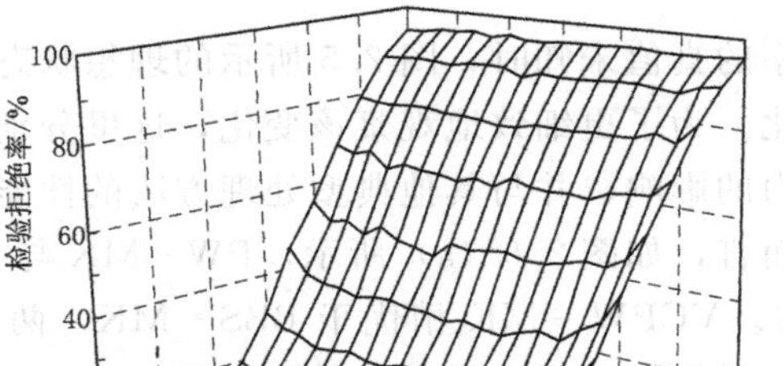

(b) $r(1)$与n（$\beta=0.002$，$\sigma_A=0.2$）

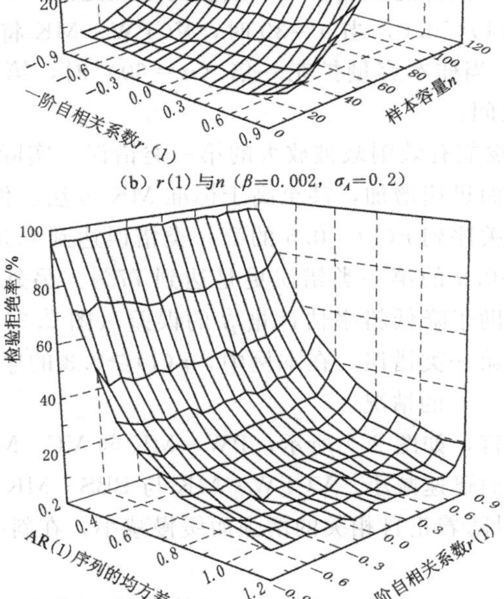

(c) $r(1)$与σ_A（$n=60$，$\beta=0.006$）

图 2.5　VCPW－MK 方法的检验拒绝率随序列不同参数的变化

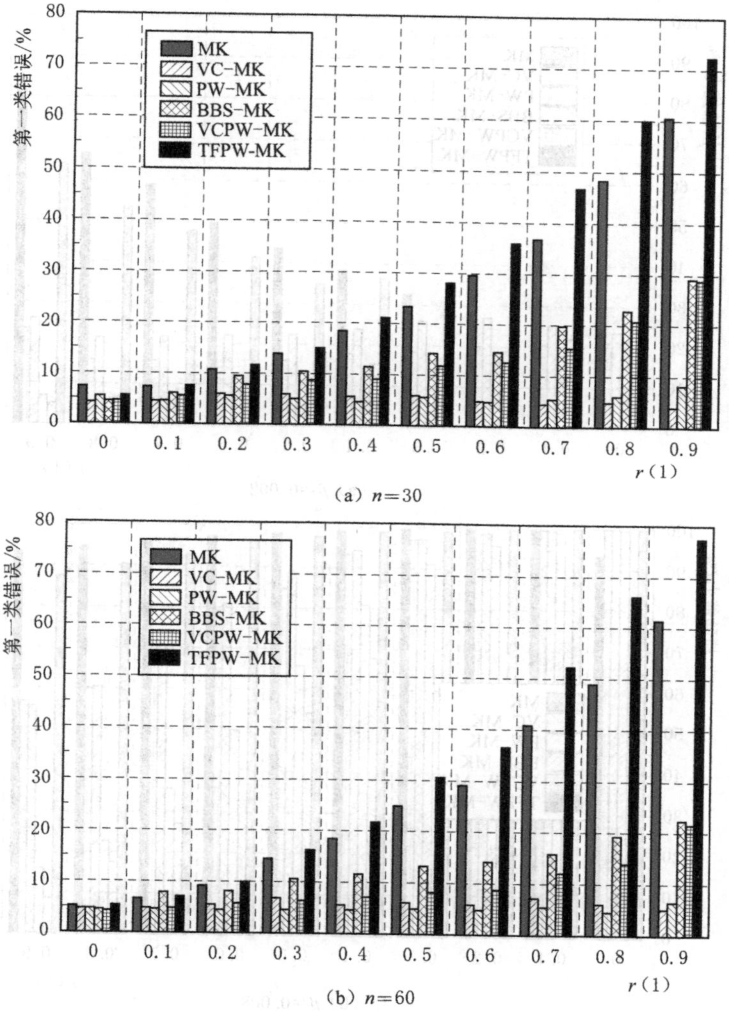

图 2.6　第一类错误随逐渐增强的正自相关性的变化（$\beta=0$，$\sigma_A=0.2$）

度的真实反映，而可能源于自相关性的影响。②当斜率较强 $\beta=0.008$ 时，VCPW-MK 的检验能力稍弱，然而对中等强度自相关序列 $r(1)\leqslant 0.6$ 的检验能力已经超过了 80%，即使对高度自相关序列 $r(1)=0.9$ 而言，检验能力也已经接近 60%；这表明大多数包含显著趋势成分的序列能够被正常检出。

综上所述，考虑到趋势斜率和自相关系数必须要从实测序列中估计，样本估计误差不可避免地干扰各种处理方法削减自相关性影响的能力，要完全消除自相关性对第一类错误和检验能力的影响并不容易实现。从实用角度看，新方法 VCPW-MK 和 BBS-MK 即能够有效保持较低的第一类错误又不失较强的

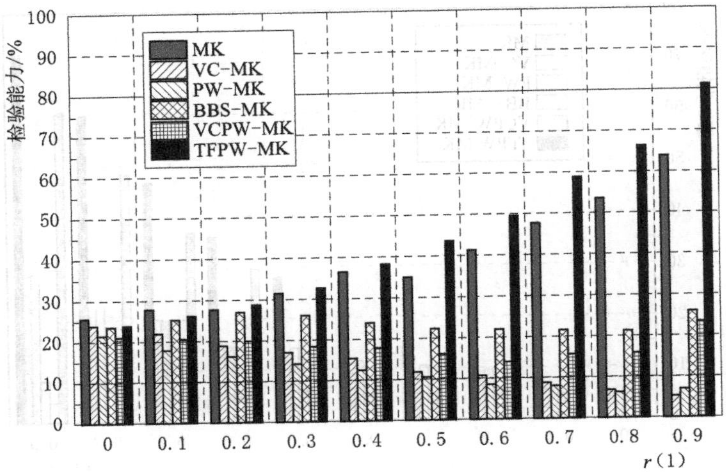

(a) $\beta=0.002$

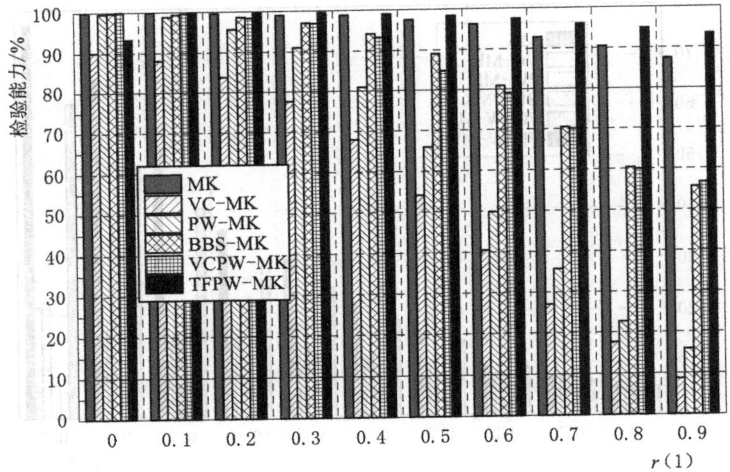

(b) $\beta=0.008$

图 2.7　检验能力随逐渐增强的正自相关性的变化（$n=60$，$\sigma_A=0.2$）

检验能力；比较而言，PW－MK 和 VC－MK 对高度自相关序列的检验能力较弱，而 TFPW－MK 的第一类错误过高。

2.4　实例分析

2.4.1　径流序列

为了考察新方法 VCPW－MK 对实际水文气象序列的适用性，这里采用加拿大安大略省部分水文测站1961—2010年的年径流资料（数据源于加拿大水资源调查局发布的水文数据集）。Yue等（2002b）曾利用相同的数据分析TFPW-MK的实用效果，但与此处所用序列的长度不同。

表2.3给出了径流序列的特征参数以及不同方法的趋势检验结果。在第2～4列中，采用β/σ_A描述线性趋势相对于短期随机波动的变化量。Hamed（2008）研究发现β/σ_A与MK检验的拒绝率成正比；换句话说，β/σ_A取值越大，MK检验统计量也越大，趋势检出的概率越高。应当注意到，习惯上常用离势系数$Cv=\sigma_A/\mu_A$来比较不同序列随机波动的程度，然而由于MK检验结果与序列均值μ_A无关，所以采用β/σ_A较β/μ_A或β/Cv更为合适。三种预置白方法关于β/σ_A的估计策略不尽相同，其中，TFPW-MK从原始序列中估计趋势斜率，PW-MK则从预置白序列中估计。受自相关性的影响，两种方法可能分别高估和低估了趋势斜率。VCPW-MK根据一阶自相关系数修正斜率，对斜率的估计结果介于上述两种方法之间。

表2.3　MK检验的不同处理方法对径流实例的趋势分析结果

数据类型	站点编号	β/σ_A			$r(1)$		MK检验统计量Z					
		TFPW	PW	VCPW	原始	去趋势	MK	VC	PW	BBS	VCPW	TFPW
	1	2	3	4	5	6	7	8	9	10	11	12
年平均日流量	02FB007	0.019	0.012	0.016	0.26①	0.18	1.59	1.26	1.00	1.57	1.29	1.64
	02GA010	0.022	0.017	0.020	0.23	0.13	1.98①	1.61	1.65	1.95	1.76	2.04①
	02HL004	0.009	0.007	0.008	0.11	0.09	0.76	0.76	0.60	0.75	0.64	0.70
	02KB001	0.009	0.002	0.006	0.37①	0.36①	0.81	0.60	0.15	0.74	0.08	0.37
年最小日流量	02EA005	−0.009	−0.007	−0.007	0.23	0.22	−0.86	−0.70	−0.70	−0.89	−0.72	−0.94
	02FB007	0.034	0.019	0.025	0.40①	0.30①	2.84①	1.46	1.76	1.77	2.04①	3.08①
	02GA010	0.026	0.015	0.020	0.35①	0.25	2.48①	1.86	1.76	2.13①	1.87	2.56①
	02HL004	0.015	0.009	0.011	0.30①	0.26①	1.66	1.29	1.24	1.37	1.17	1.72

① 该站点序列一阶自相关性显著$r(1)\geqslant 0.26$，或者趋势变化显著$Z>1.96$。

关于$r(1)$，PW-MK从原始序列中估计（第5列），TFPW-MK和VCPW-MK均从去趋势序列中估计（第6列）。对比两种估计结果可以发现，去趋势序列的一阶自相关性普遍弱于原始序列，显著自相关的数目从5个减为3个。

第7～12列给出了不同处理方法的MK检验统计量。对比TFPW-MK与MK的结果发现，TFPW-MK仅对02HL004和02KB001的年平均日流量序列削弱了自相关性对标准MK统计量的影响。而对于其他序列，TFPW-MK的检验统计量$|Z|$高于标准MK方法，这与Yue等（2002b）对相同序列

的分析结果恰好相反，该矛盾很可能源于斜率原始估计量 $\hat{\beta}$ 的误差。由于自相关序列的 $\hat{\beta}$ 误差相当可观。即使对于同一序列，取不同长度进行分析，$\hat{\beta}$ 取值也可能大相径庭；错误的 $\hat{\beta}$ 估计值势必降低 TFPW－MK 对自相关性的处理能力。

对本例中的所有序列，新方法 VCPW－MK 的检验统计量 $|Z|$ 都低于标准 MK 方法，有效削弱了自相关性的影响。VCPW－MK 在 02FB007 的年最小日流量序列中检出显著上升趋势，该序列正是所有序列中趋势相对变化量 β/σ_A 最大的。BBS－MK 与 VCPW－MK 的结果近似，稍有区别的是：BBS－MK 在 β/σ_A 稍弱的 02GA010 的年最小日流量序列中检出显著上升趋势。由于另外两种方法 PW－MK 与 VC－MK 的检验能力偏低，它们认为所有序列平稳。

2.4.2　气温序列

这里进一步将各种处理方法用于检验长江流域 146 个基本地面气象观测站的年平均日气温序列，该资料源于中国气象局发布的气候资料年值数据集。许多学者已经分析过上述资料的变化趋势，总体结论认为在全球变暖背景下，长江流域的年平均、最高和最低气温以显著增温趋势为主（Chen 等，2014；Su 等，2006）。然而，已有结论并未考虑自相关性对趋势检验结果的影响。此次对各测站年平均日气温序列（1960—2005 年）分析表明，58％的站点一阶自相关性显著，即使从去趋势序列中估计也能发现 34％的站点一阶自相关性显著（图 2.8）。

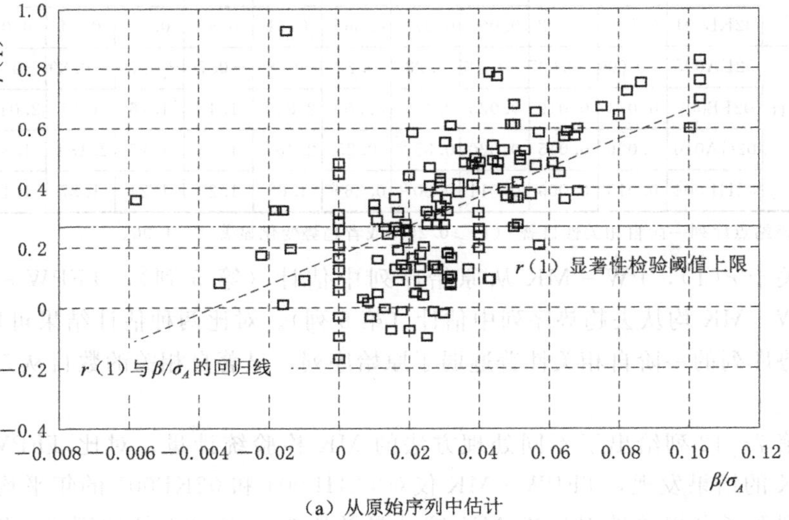

(a) 从原始序列中估计

图 2.8（一）　气温实例的 $r(1)$ 与 β/σ_A 估计结果

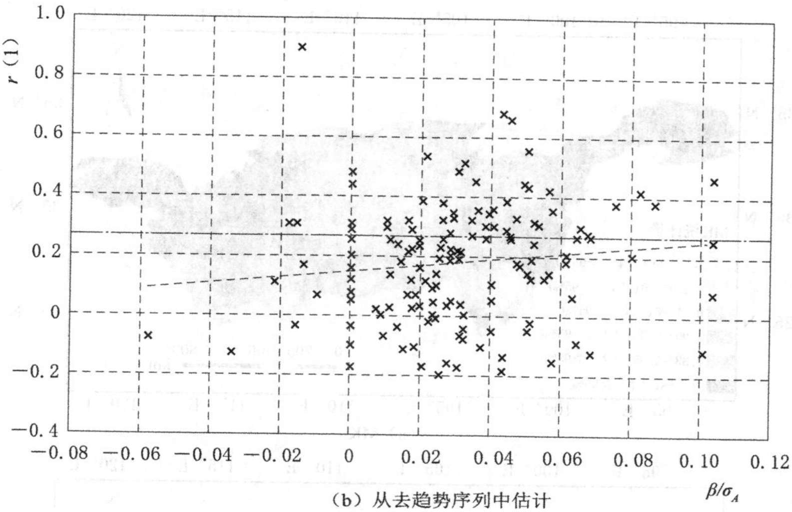

(b) 从去趋势序列中估计

图 2.8 (二) 气温实例的 $r(1)$ 与 β/σ_A 估计结果

不同处理方法的趋势检验结果差异如图 2.9 所示，所有方法仅在 16%的站点同时检出显著增温趋势，另有 1%的站点显著降温，39%的站点未检出任何显著变化趋势，在剩余 44%的站点（集中在下游），不同方法检验结果存在争议。

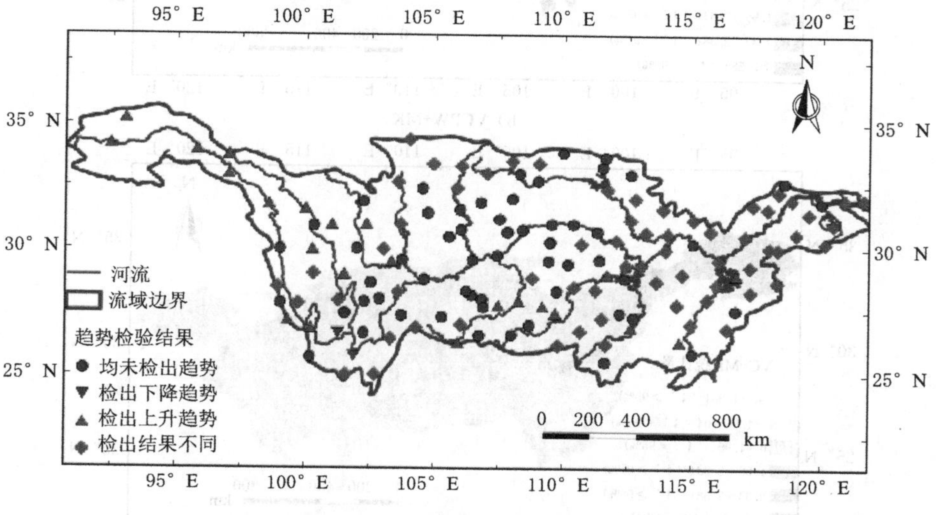

图 2.9 MK 检验的不同处理方法对气温实例的趋势检验结果

对比不同方法检验统计量的空间分布发现（图 2.10），在争议区域（长江下游），标准 MK 检验认为增温趋势显著，而 VC－MK 检验认为增温趋势不

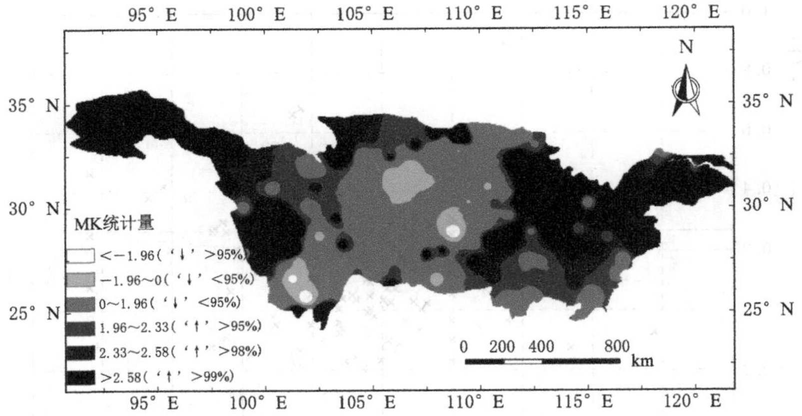

(a) MK

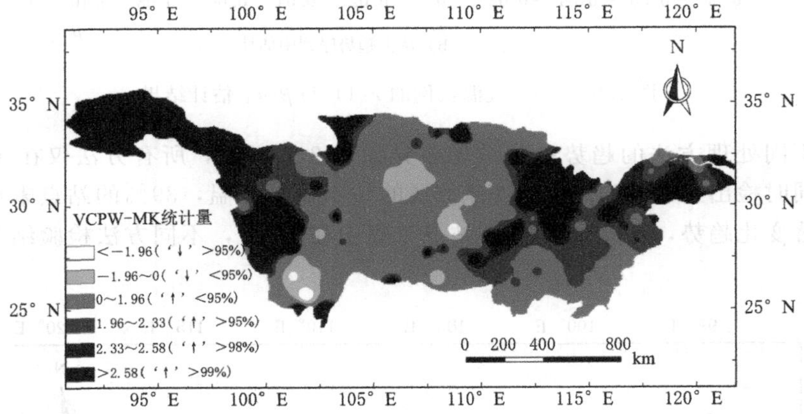

(b) VCPW-MK

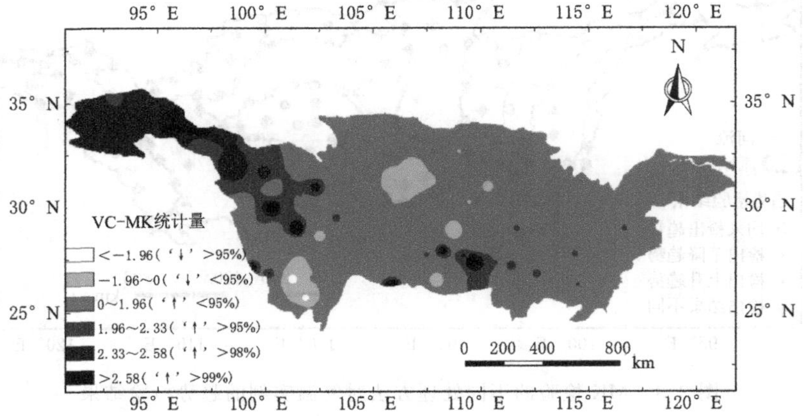

(c) VC-MK

图 2.10　不同方法检验统计量的空间分布

明显。VCPW－MK 的结果介于两者之间，其认为在下游 30°N 以北地区增温明显，以南地区气温变化不显著。其他方法中，TFPW－MK 与 MK 结果接近，PW－MK 与 VC－MK 接近，BBS－MK 与 VCPW－MK 接近，其统计量分布图省略。

总结气温实例的分析结果，可以发现采用不同的处理方法对自相关序列进行 MK 检验，结果存在相当程度的不确定性。不考虑自相关性的影响或者仅采用一种处理方法开展趋势检验，所得结果未必能涵盖趋势显著性的可能变化范围，影响趋势显著性的正确判断。在本例中，基于多种方法的检验结果，认为在长江 102°E 以西的上游地区增温趋势显著，在 102°E～110°E 的中间区域气温变化平稳，在 110°E 以东的下游地区是否存在显著气温变化趋势存在争议，仍需持续关注。

2.5 VCPW 方法的适用性分析

新方法 VCPW 假设趋势成分是线性变化的，没有考虑非线性变化对检验能力的影响。尽管如此，线性趋势检验结果为判断单调非线性趋势变化的显著性提供了基准。Yue 和 Pilon（2004）发现与相同幅度的线性上升趋势相比，凸形上升趋势的显著性要高于线性趋势；相反，凹形上升趋势的显著性要低于线性趋势。

新方法还假设序列的自相关成分用 AR(1) 模型描述，虽然 AR(1) 被广泛用于描述水文气象序列的自相关结构，并能够保持序列均值、方差等主要分布特征（Salas，1993），然而自相关结构还有不少其他表达形式，如 ARMA(1，1) 等。此时，需要采用较式（2.6）更复杂的形式来计算 *VIF*。Matalas 和 Sankarasubramanian（2003）提出了未知自相关结构时的 *VIF* 理论估计公式，适用于不同的自相关结构。

估计 *VIF* 的根本目的是为了降低趋势斜率的估计误差。对于径流序列而言，其变化趋势往往能够在降水、蒸散发等水文循环要素或者工农业取水等人类活动因素中找到相应证据。例如，夏季洪水发生频次和量级的增加一般与夏季降水增多有关，冬季洪水的减少则可能与冰冻期延长、融雪减少有关（Mudelsee 等，2003）。如果有足够丰富的资料和可靠的模型能够说明径流趋势性变化的成因，那么可以推断该趋势较为可靠；此时，可以忽略自相关性对斜率估计误差的影响。否则，宜采用 *VIF* 来降低斜率估计的方差，从而有效减少对趋势显著性的误判。

2.6 小结

本章介绍了一种新的预置白方法 VCPW - MK，可用于缓解自相关性引起的趋势显著性误判。新方法在原有预置白步骤的基础上做了两点改进：一是利用一阶自相关系数降低线性趋势斜率估计量的方差。统计试验结果证明修正的斜率估计量误差更小，特别是在样本容量较小的情况下；这有利于恢复被放大的第一类错误，使其更加接近预设的显著性水平。二是修正预置白序列的方差，使被放大的检验能力恢复到正常水平。

通过对比几种常用的自相关处理方法发现，VC - MK 和 PW - MK 的检验能力明显偏低，TFPW - MK 的第一类错误甚至高于标准的 MK 方法，只有 BBS - MK 和新提出的 VCPW - MK 在保持较低的第一类错误与较强的检验能力之间取得了不错的平衡。新方法较 BBS - MK 更为简单直接，用于包含大量站点的区域趋势检验问题更加方便。

统计试验结果表明，虽然新方法 VCPW - MK 理论上能够基本消除一阶自相关性对第一类错误与检验能力的影响，但如果考虑斜率估计量的抽样误差，其性能还是有所降低；现有的几种典型处理方法尚不能彻底消除自相关性的负面作用。

因此从实用角度来看，仍建议采用多种方法分析实测水文气象序列的趋势显著性。当所有结果都表明序列平稳或存在显著趋势变化时，就倾向于接受该结论；否则，就应当对趋势检验结果存疑。目前，越来越多的研究关注于水文气象要素的变化特征。在此类研究中，采用适当的处理方法减少由自相关性引起的趋势误判非常重要。本章提出的 VCPW - MK 为检验自相关水文气象序列的趋势变化显著性提供了一种新的技术手段。

第3章 自相关水文气象序列趋势诊断的 Spearman 秩次相关检验方法

预置白方法严格意义上并不局限于 AR(1) 序列，但通常需要预知序列的自相关结构。从原始序列中剔除错误的自相关结构也可能引起趋势误判，这在样本容量较大时尤为明显。非参数检验的统计量方差校正方法（VC）仅需要估计序列的各阶自相关系数，而无需考虑自相关结构的形式，具有更广泛的适用性。

本章的论述围绕基于统计量方差校正的 Spearman 秩次相关检验方法（Variance Correction Spearman Rho Trend Test，VC-SR）展开。首先，讨论自相关性对标准的 Spearman 秩次相关检验方法（Spearman Rho Trend Test，SR）的统计量方差、第一类错误和检验能力的影响。其次，介绍 SR 统计量方差校正的理论和经验计算公式，并总结 VC-SR 方法的使用步骤。接下来，根据统计试验分析 VC-SR 对自相关影响的处理能力。最后，将 VC-SR 用于分析长江上游年潜在蒸散发量的趋势显著性，以讨论其适用条件。

第2章已经讨论过另一种 VC 类方法（VC-MK）的性能，发现其检验能力会随着正自相关性的增强而迅速下降。本章以 VC-SR 方法为研究对象，发现只要使用步骤适当，VC 类方法也能够保持较低的第一类错误且不失较强的检验能力。相比于第2章提出的 VCPW-MK 方法，VC-SR 特别适于分析高阶自相关序列的趋势显著性。

3.1 自相关性对 Spearman 秩次相关检验方法的影响

3.1.1 标准 Spearman 秩次相关检验方法

对独立同分布的随机序列 $X_i=x_1,\ x_2,\ \cdots,\ x_n$，定义 Spearman 秩次相关系数为：

$$\rho=1-\frac{6\sum_{i=1}^{n}(R_i-i)^2}{n(n^2-1)} \tag{3.1}$$

式中：R_i 为 x_i 的秩，即 x_i 在序列 X_i 由小到大排序中的位置；ρ 为秩序列与时间升序之间的线性相关系数。ρ 的取值范围在 $-1\sim1$ 之间，当 $\rho>0$ 时，表示 X_i 可能存在上升趋势，反之亦然。当样本容量 n 足够大时，秩次相关系数 ρ 近似服从正态分布。当不考虑序列中存在等值数据点的情况时，其均值和方差可表示为：

$$E(\rho)=0 \tag{3.2}$$

$$\mathrm{var}(\rho)=1/(n-1) \tag{3.3}$$

类似 MK 检验，也可以构造服从标准正态分布的 Spearman 秩次相关检验统计量 $Z_{SR}=\rho/\mathrm{var}(\rho)^{0.5}$。在显著性水平 α 下，若 $|Z_{SR}|>Z_{(1-\alpha/2)}$，则拒绝序列平稳的原假设，认为 X_i 存在显著上升或下降趋势。

3.1.2　自相关性对统计量方差的影响

SR 检验统计量是秩次相关系数 ρ 的标准化形式。为研究自相关性如何影响 SR 检验统计量，更确切地说，影响 ρ 的方差 $\mathrm{var}(\rho)$，采用统计试验生成两种经典的自相关形式：AR(1) 和一阶滑动平均模型 MA(1)，两者都常被用来模拟自相关水文气象序列。AR(1) 的形式表达为：$x_i=\mu_x+\varphi(x_{i-1}-\mu_x)+\varepsilon_i$，其中 μ_x 为序列 x_i 的均值，ε_i 为服从正态分布的白噪声。AR(1) 的自相关函数图呈拖尾状，随阶数增加呈指数衰减：$r(i)=\varphi^{|i|}$。MA(1) 的形式表达为：$x_i=\mu_x+\varepsilon_i+\theta\varepsilon_{i-1}$，其自相关函数图呈截尾状，超过一阶后减为零值：$r(i)=\{1,i=0;0,|i|>1;\theta/(1+\theta^2),|i|=1\}$。由此可见，$r(i)$ 取值分别与 AR(1) 的参数 φ 和 MA(1) 的参数 θ 成正比。

在不同参数取值和样本容量情况下，采用统计试验方法共生成 200 组，每组 400 个 AR(1) 和 MA(1) 形式的样本序列。计算每个序列的 ρ，进而统计 200 组 ρ 的方差并取平均作为方差的模拟值，记为 $V(\rho)$，并称 $V(\rho)/\mathrm{var}(\rho)$ 为 ρ 的方差放大系数。如表 3.1 和表 3.2 所示，正负自相关性会分别放大和缩小 ρ 的方差。换而言之，对于自相关序列，采用 $\mathrm{var}(\rho)$ 计算检验统计量 Z_{SR}，容易高估或低估 Z_{SR} 的取值，从而影响检验结果。对比两表的结果还发现，由于 AR(1) 序列的自相关系数衰减较慢，其对 ρ 方差的影响也更明显。

表 3.1　AR(1) 序列的 $V(\rho)/\mathrm{var}(\rho)$

n	φ								
	−0.9	−0.6	−0.3	−0.1	0	0.1	0.3	0.6	0.9
30	0.14	0.33	0.60	0.84	1.00	1.19	1.70	3.19	7.87
50	0.11	0.31	0.59	0.84	1.00	1.20	1.75	3.46	10.60
100	0.08	0.29	0.58	0.83	1.00	1.19	1.78	3.65	13.91
150	0.07	0.28	0.57	0.83	1.00	1.20	1.80	3.77	15.35

表 3.2　　**MA(1) 序列的 $V(\rho)/var(\rho)$**

n	θ								
	−0.9	−0.6	−0.3	−0.1	0	0.1	0.3	0.6	0.9
30	0.16	0.26	0.54	0.83	1.00	1.17	1.47	1.78	1.87
50	0.11	0.21	0.51	0.83	1.00	1.18	1.49	1.80	1.90
100	0.08	0.18	0.49	0.83	1.00	1.18	1.50	1.81	1.94
150	0.06	0.17	0.48	0.82	0.99	1.19	1.51	1.84	1.93

3.1.3 自相关性对第一类错误和检验能力的影响

与 ρ 方差的变化一致，SR 检验的第一类错误也随着正自相关性的增强而增大，随着负自相关性的增强而缩减（图 3.1）。第一类错误仅在序列独立时（φ，$\theta=0$）与预设的显著性水平（$\alpha=5\%$）相等。与自相关性相比，样本容量对第一类错误的影响有限。

在 AR(1) 和 MA(1) 序列 X_i 基础上附加线性趋势成分 ρ_i，可以发现 SR 检验能力随自相关性并非单调变化。以 x_i 序列的均方差 $\sigma_x=0.2$，趋势斜率 $\beta=0.002$ 为例（图 3.2），当样本容量较小时，检验能力与自相关强度成正比；

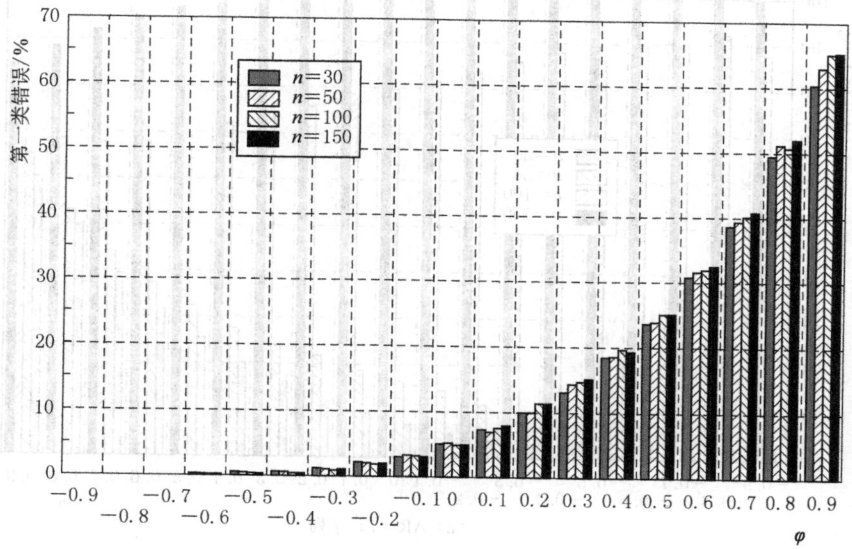

(a) AR (1) 序列

图 3.1（一）　自相关性对 SR 第一类错误的影响（10000 个模拟样本序列）

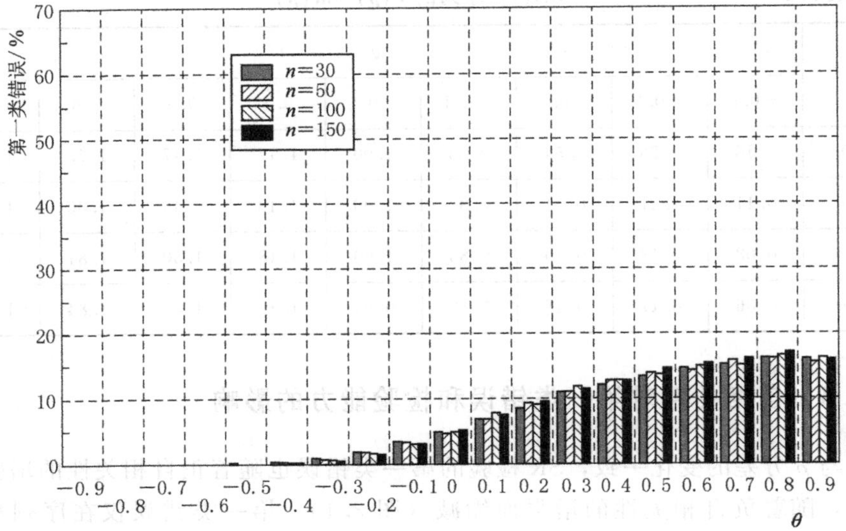

(b) MA (1) 序列

图 3.1 (二)　自相关性对 SR 第一类错误的影响 (10000 个模拟样本序列)

随着样本容量的增加，检验能力与自相关性逐渐转变为反比关系；σ_x 与 β 取值变化时也有类似的现象。

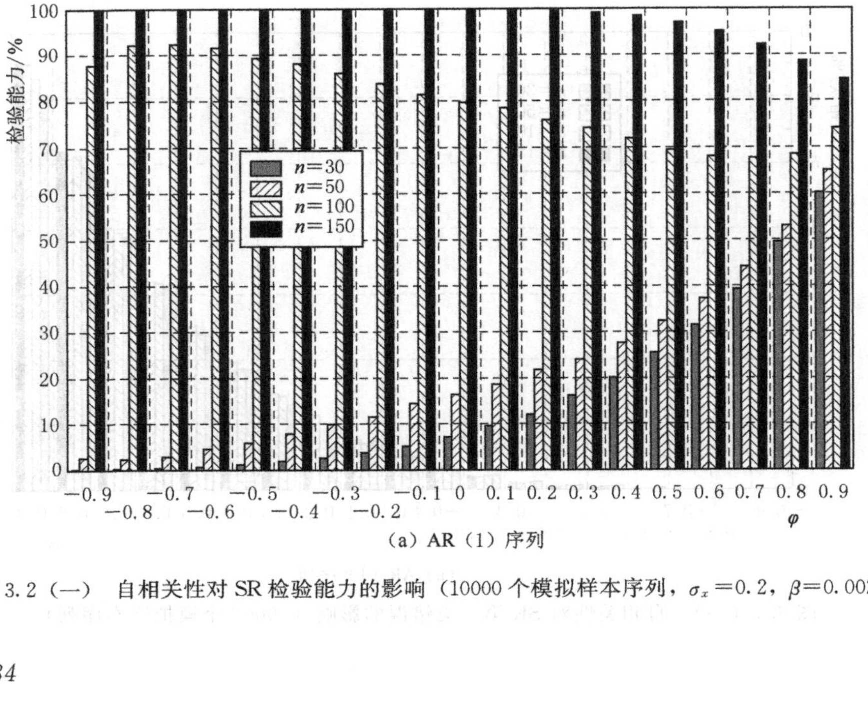

(a) AR (1) 序列

图 3.2 (一)　自相关性对 SR 检验能力的影响 (10000 个模拟样本序列，$\sigma_x = 0.2$，$\beta = 0.002$)

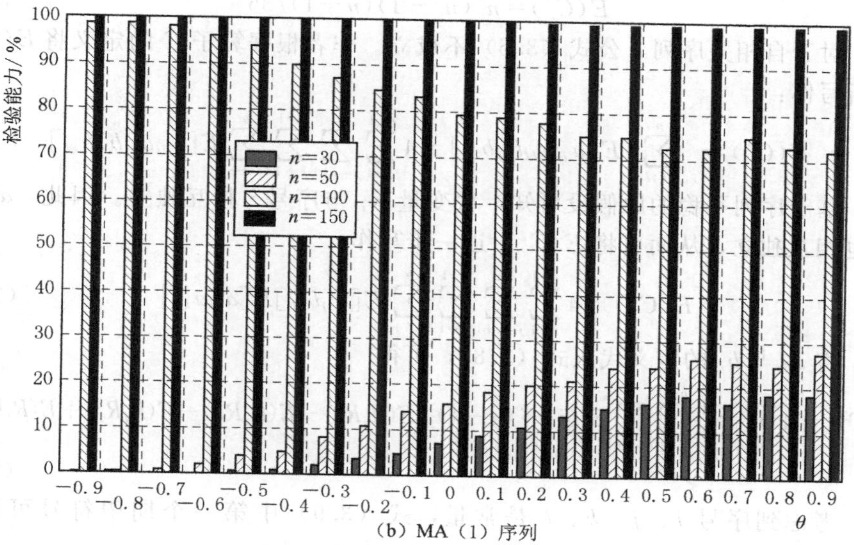

图 3.2（二）　自相关性对 SR 检验能力的影响（10000 个模拟样本序列，$\sigma_x=0.2$，$\beta=0.002$）

3.2　基于方差校正的 Spearman 检验方法（VC－SR）

3.2.1　校正统计量方差的理论公式

显然，对于自相关序列，标准的 SR 方法不具备稳定的第一类错误和检验能力，其检验结果受到干扰。因此，我们尝试在自相关前提下重新推导 ρ 方差的表达式。更确切地说，我们通过引入各阶自相关系数 $r(i)$ 来校正 ρ 的方差，记为 $\mathrm{var}^C(\rho)$，推导过程如下所示。

Kendall（1955）在导出独立序列的 $\mathrm{var}(\rho)$ 表达式（3.3）之前，曾给出中间形式：

$$\mathrm{var}(\rho)=\frac{36}{n^4(n^2-1)^2}E(C^2) \tag{3.4}$$

其中算子 C 定义为

$$\begin{cases} a_{ij}=R_j-R_i, b_{ij}=j-i \\ C=\sum_{i,j=1}^{n} a_{ij}b_{ij} \end{cases} \tag{3.5}$$

对于独立序列，Kendall 导出式（3.6），代入式（3.4）可算得 $\mathrm{var}(\rho)=1/(n-1)$。

$$E(C^2)=n^4(n^2-1)(n+1)/36 \tag{3.6}$$

对于自相关序列，公式（3.6）不成立。作者根据算子 C 的定义将 $E(C^2)$ 重新写作：

$$E(C^2)=\sum_{i,j,k,l=1}^{n}E[a_{ij}a_{kl}b_{ij}b_{kl}]=4\sum_{i=1}^{n-1}\sum_{j=i+1}^{n}\sum_{k=1}^{n-1}\sum_{l=k+1}^{n}E[a_{ij}a_{kl}b_{ij}b_{kl}] \tag{3.7}$$

基于序列平稳的原假设可知，秩变量 R_i 与序号 i 相互独立。因此，a_{ij} 与 b_{ij} 也相互独立，从而可将 $E(C^2)$ 进一步写作：

$$E(C^2)=4\sum_{i=1}^{n-1}\sum_{j=i+1}^{n}\sum_{k=1}^{n-1}\sum_{l=k+1}^{n}E[b_{ij}b_{kl}]E[a_{ij}a_{kl}] \tag{3.8}$$

将 a_{ij} 与 b_{ij} 的定义代入式（3.8），可得

$$E(C^2)=4\sum_{i=1}^{n-1}\sum_{j=i+1}^{n}\sum_{k=1}^{n-1}\sum_{l=k+1}^{n}E[(j-i)(l-k)][E(R_jR_l)-E(R_jR_k)-E(R_lR_i)+E(R_iR_k)] \tag{3.9}$$

考虑到序号 i、j、k、l 是常量，式（3.9）中第一个期望符号可以省略，即

$$E(C^2)=4\sum_{i=1}^{n-1}\sum_{j=i+1}^{n}\sum_{k=1}^{n-1}\sum_{l=k+1}^{n}[(j-i)(l-k)][E(R_jR_l)-E(R_jR_k)-E(R_lR_i)+E(R_iR_k)] \tag{3.10}$$

式（3.10）中的 $E(R_iR_k)$ 表示两个秩变量的相关矩，有如下定义：

$$E(R_iR_k)=r_s(k-i)\sigma(R_i)\sigma(R_k)+E(R_i)E(R_k)=r_s(k-i)\sigma^2(R_i)+E^2(R_i) \tag{3.11}$$

式中，$r_s(k-i)$ 为秩序列 $(k-i)$ 阶的自相关系数；$\sigma^2(R_i)$ 为秩序列的方差，其样本估计公式为

$$\hat{\sigma}^2(R_i)=\frac{1}{n-1}\cdot\sum_{i=1}^{n}[R_i-E(R_i)]^2=\frac{n(n+1)}{12} \tag{3.12}$$

将式（3.10）～式（3.12）代入式（3.4），即可推导出用秩序列自相关系数 $r_s(i)$ 校正的 ρ 方差计算公式：

$$\begin{cases}\mathrm{var}^C(\rho)=\dfrac{12}{n^3(n^2-1)(n-1)}W\\[2ex] W=\displaystyle\sum_{i=1}^{n-1}\sum_{j=i+1}^{n}\sum_{k=1}^{n-1}\sum_{l=k+1}^{n}[(j-i)(l-k)][r_s(l-j)-r_s(k-j)-r_s(l-i)+r_s(k-i)]\end{cases} \tag{3.13}$$

习惯上，常用原始序列的自相关系数 $r(i)$ 代替 $r_s(i)$，两者存在如式（3.14）所示的关系（Hamed 和 Rao，1998）。

$$r_s(i)=\frac{6}{\pi}\cdot\arcsin\left[\frac{r(i)}{2}\right] \tag{3.14}$$

因此，仅需已知 $r(i)$ 和样本容量 n，即可根据式（3.13）和式（3.14）计算自相关序列的 ρ 方差 $\mathrm{var}^C(\rho)$。出于相同目的，Hamed（2014）稍早前提出采用公式（3.15）计算 $\mathrm{var}^C(\rho)$：

$$\begin{cases}\mathrm{var}^C(\rho)=\dfrac{72}{\pi n^2(n^2-1)^2}H\\ H=\sum\limits_{i=1}^{n}\sum\limits_{j=1}^{n,j\neq i}\sum\limits_{k=1}^{n}\sum\limits_{l=1}^{n,l\neq k}[(i-1)(k-1)]\arcsin\left\{\dfrac{r(l-j)-r(k-j)-r(l-i)+r(k-i)}{2\sqrt{[1-r(j-i)][1-r(l-k)]}}\right\}\end{cases}\tag{3.15}$$

两式在结构上比较接近，式（3.13）的优势在于将求和符号所表示的计算项从 n^4 减少为 $n^2(n-1)^2/4$，节省了约 75%的计算量；该性能有利于提高多站趋势检验的计算效率。

采用式（3.13）计算 $\mathrm{var}^C(\rho)$ 时所产生的相对误差 $[\mathrm{var}^C(\rho)-V(\rho)]/V(\rho)$，如图 3.3 所示。很明显，理论计算值 $\mathrm{var}^C(\rho)$ 与模拟值 $V(\rho)$ 的相对误差在大多数情况下控制在 5%以内；例外情况仅发生在样本容量较小且自相关性较强时，例如 $n=30$、$\varphi\geqslant0.8$ 的 AR(1) 序列。理论计算值 var^C（ρ）与模拟值 $V(\rho)$ 的偏差可能源于自相关条件下秩序列方差估计量 $\hat{\sigma}^2(R_i)$ 的负偏。自相关性在一定程度上扰乱了秩变量 R_i 的随机性，进而干扰其样本估计量的精度。更直观地理解是：自相关序列中每个样本点都包含相邻样本点的部分信息，客观上减少了有效信息量。而且随着自相关强度的增加，有效信息量越少，势必增加样本估计量的偏差。因此，增加样本容量能够有效缓解该估计偏差。如图 3.3 所示，当样本容量超过 100 时，所有正自相关序列的相对误差都小于 5%。另外需要指出的是，Hamed 提出的公式（3.15）在小样本时计算 $\mathrm{var}^C(\rho)$ 的精度优于作者提出的公式（3.13），在大样本 $n\geqslant100$ 时两式的计算精度已经非常接近。由于小样本时两式的计算量均较小，所以建议在小样本时选用式（3.15）以提高计算精度，在大样本时选用式（3.13）以提高计算效率。

3.2.2 校正统计量方差的经验公式

由于采用理论公式计算 $\mathrm{var}^C(\rho)$ 相对繁琐，因此，可引入有效样本容量（Effective or Equivalent Sample Size，ESS）简化 $\mathrm{var}^C(\rho)$ 的估计公式。众所周知，可以定义一个有效样本容量 n^*，使容量为 n^* 的独立序列的均值估计量方差 $\mathrm{var}^*(\overline{x})$ 等价于容量为 n 的自相关序列的均值估计量方差 $\mathrm{var}^C(\overline{x})$，具体如式（3.16）所示：

$$\mathrm{var}^C(\overline{x})=\mathrm{var}^*(\overline{x})=\frac{\sigma_x^2}{n^*}=\frac{\sigma_x^2}{n}\cdot\frac{n}{n^*}=\mathrm{var}(\overline{x})\cdot\frac{n}{n^*}\tag{3.16}$$

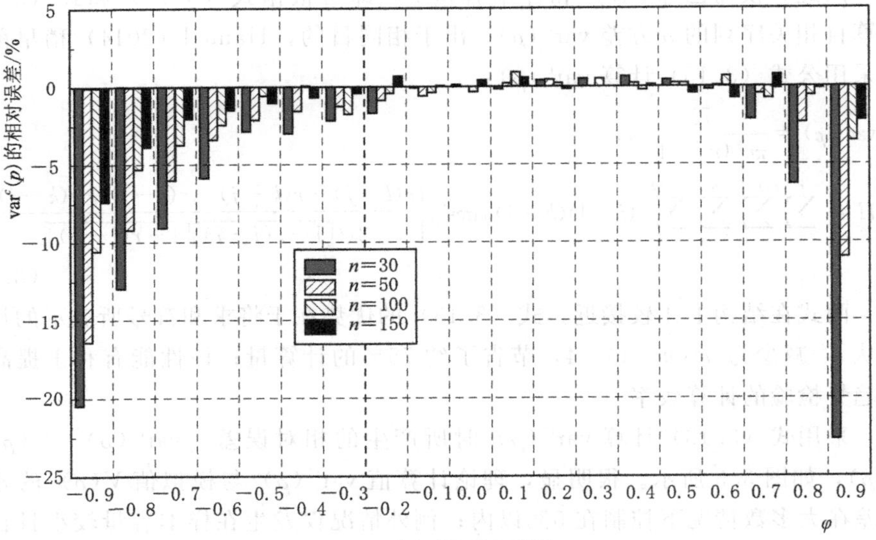

(a) AR (1) 序列

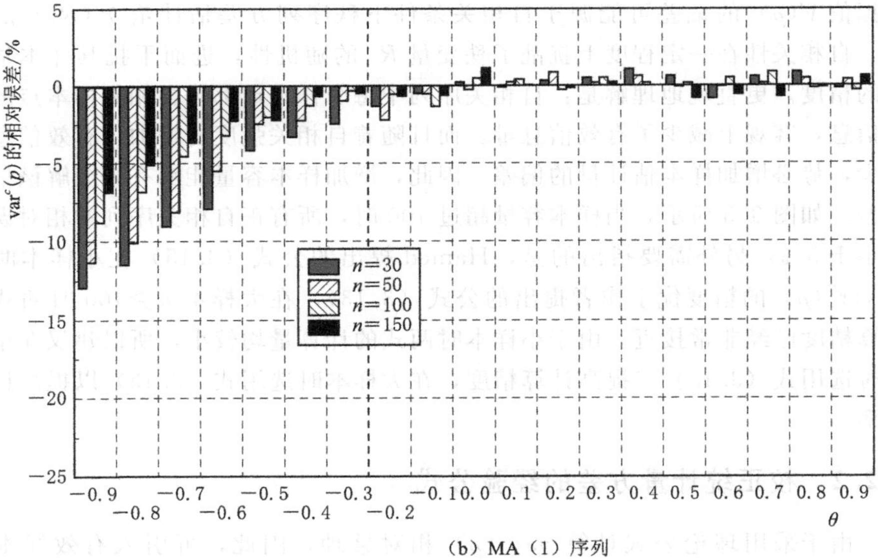

(b) MA (1) 序列

图 3.3　理论公式计算 $\mathrm{var}^C(\rho)$ 所产生的相对误差

式中：σ_x^2 为 x_i 序列的方差；$\mathrm{var}(\overline{x})$ 为容量为 n 的独立序列的均值估计量方差。正自相关序列的 $n^* < n$，$\mathrm{var}^C(\overline{x}) > \mathrm{var}(\overline{x})$；负自相关序列的 $n^* > n$，$\mathrm{var}^C(\overline{x}) < \mathrm{var}(\overline{x})$；这表明经验公式（3.16）可用于描述自相关性对样本均值估计量方差的放大或缩减作用。

Lettenmaier（1976）仿照式（3.16）构造了 $\mathrm{var}^C(\rho)$ 的经验估计公式（3.17），并建议采用式（3.18）计算 n^*。

$$\mathrm{var}^C(\rho)=\mathrm{var}(\rho)\cdot n/n^*=[1/(n-1)]\cdot n/n^* \tag{3.17}$$

$$\frac{1}{n^*}=\frac{1}{n}+\frac{2}{n^2}\cdot\sum_{i=1}^{n-1}(n-i)r(i) \tag{3.18}$$

Yue和Wang（2004）称由式（3.18）算得的 n^* 为BHMLL-ESS，并成功将之用于校正MK检验统计量的方差。Hamed和Rao（1998）在考虑了若干种表达形式后，推荐引入秩序列自相关系数 $r_s(i)$ 来计算 n^*，如式（3.19）所示。为了与BHMLL-ESS区别，这里称之为HMR-ESS。

$$\frac{1}{n^*}=\frac{1}{n}+\frac{2}{n^2(n-1)(n-2)}\cdot\sum_{i=1}^{n-1}(n-i)(n-i-1)(n-i-2)r_s(i) \tag{3.19}$$

已有研究实例表明，BHMLL-ESS与HMR-ESS都可用于校正MK检验统计量，并分析实测水文气象序列的趋势显著性（Khaliq等，2009；Sonali和Kumar，2013）。同理，两者也应当具备估计 $\mathrm{var}^C(\rho)$，即校正SR检验统计量的能力。然而，目前还不清楚哪个ESS的估计性能更佳。理论公式的计算结果为挑选合适的经验公式提供了基准，通过统计试验比较（图3.4）可以发现，对于AR(1)和MA(1)序列，HMR-ESS对 $\mathrm{var}^C(\rho)$ 的估计性能与理论公式相当接近，明显优于BHMLL-ESS。因此，推荐使用HMR-ESS代入经验公式（3.17）估计 $\mathrm{var}^C(\rho)$。

3.2.3 VC-SR法的使用步骤

通过校正秩次相关系数 ρ 的方差，可以建立适用于自相关序列的SR检验方法，拟命名为基于统计量方差校正的Spearman秩次相关检验方法（Variance Correction Spearman Rho Trend Test，VC-SR），具体操作步骤如下：

（1）将线性趋势成分从原始序列中剔除。该方式已被证明能够有效减少趋势成分对自相关系数估计精度的干扰（Yue等，2002b；Yue和Wang，2004）。

（2）从去趋势序列中估计前若干阶显著的自相关系数 $\hat{r}(i)$，并校正一阶自相关系数 $\hat{r}(1)$ 的偏差，如Salas（1993）推荐的 $\hat{r}^C(1)=[\hat{r}(1)\cdot n+1]/(n-4)$。接下来，可根据公式（3.14）估计秩序列的显著自相关系数 $\hat{r}_s(i)$。

（3）采用理论公式（3.13）估计 $\mathrm{var}^C(\rho)$，或者将HMR-ESS公式（3.19）代入经验公式（3.17）估计 $\mathrm{var}^C(\rho)$。

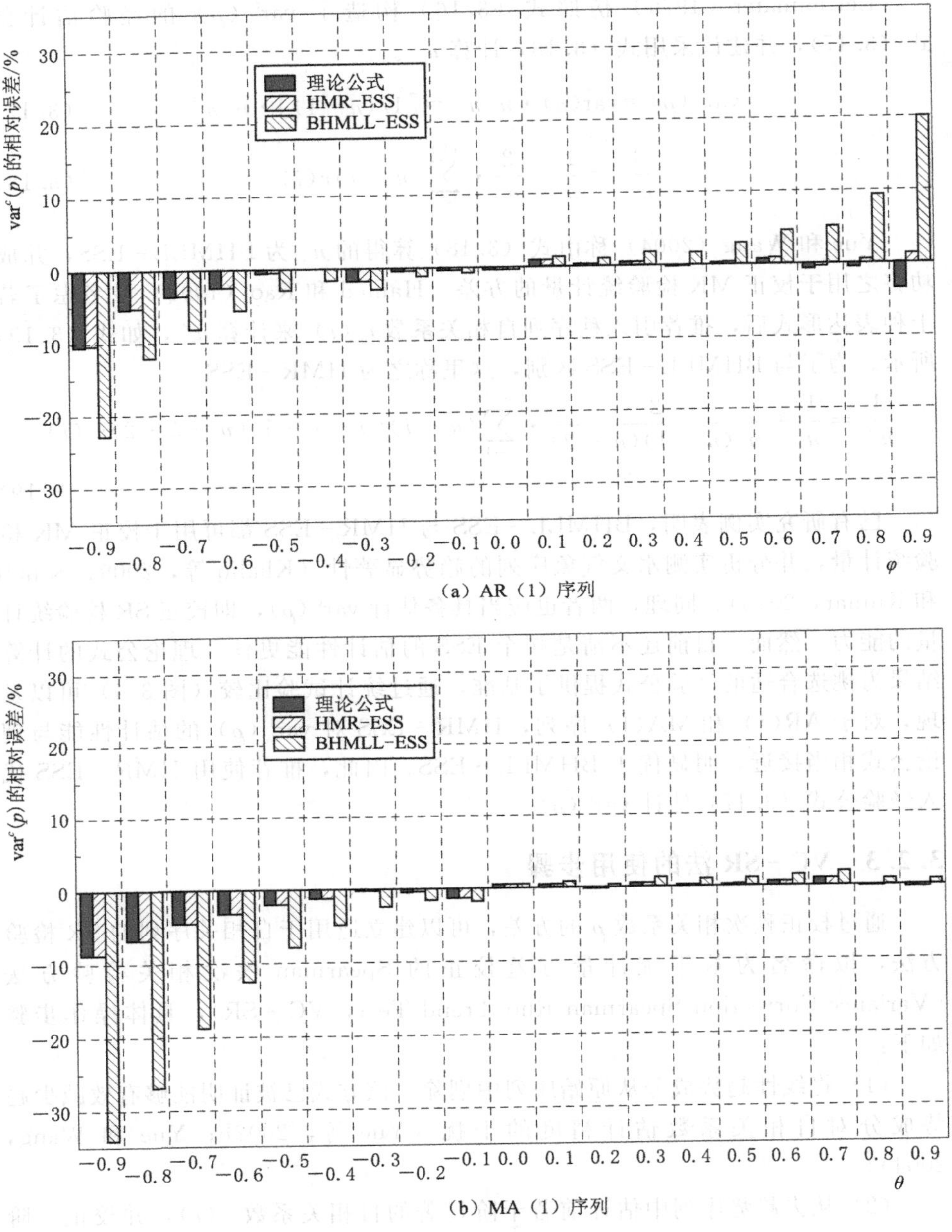

(a) AR（1）序列

(b) MA（1）序列

图 3.4　比较理论和经验公式计算 $\mathrm{var}^C(\rho)$ 所产生的相对误差（$n=100$）

（4）基于 $\mathrm{var}^C(\rho)$ 构造新的 SR 检验统计量，进而分析自相关序列的趋势显著性。

3.3 VC－SR 检验效果的统计试验

3.3.1 试验方案设计

为了考察 VC－SR 方法对高阶自相关性影响的处理能力，本次统计试验方案生成 10000 个一阶自回归滑动平均 ARMA(1，1) 和二阶自回归 AR(2) 序列。ARMA(1，1) 与 AR(2) 的结构见式（3.20）和式（3.21）：

$$x_i=\mu_x+\varphi(x_{i-1}-\mu_x)+\varepsilon_i+\theta\varepsilon_{i-1}+\beta i \tag{3.20}$$

$$x_i=\mu_x+\varphi_1(x_{i-1}-\mu_x)+\varphi_2(x_{i-2}-\mu_x)+\varepsilon_i+\beta i \tag{3.21}$$

两者的自相关函数图均呈拖尾状，即自相关系数随阶数的增加缓慢衰减。ARMA(1，1) 和 AR(2) 的自相关系数可分别写作式（3.22）和式（3.23）：

$$\begin{cases} r(1)=(1+\varphi\cdot\theta)(\varphi+\theta)/(1+\theta^2+2\varphi\cdot\theta) \\ r(i)=\varphi\cdot r(i-1), \quad i\geqslant 2 \end{cases} \tag{3.22}$$

$$\begin{cases} r(1)=\varphi_1/(1-\varphi_2) \\ r(2)=\varphi_1^2/(1-\varphi_2)+\varphi_2 \\ r(i)=\varphi_1\cdot r(i-1)+\varphi_2\cdot r(i-2) \quad i\geqslant 2 \end{cases} \tag{3.23}$$

为了方便解释试验结果，假定 ARMA(1，1) 的参数 φ 和 θ，以及 AR(2) 的参数 φ_1 相等，且在［－0.8，0.8］区间变化；同时，ARMA(1，1) 与 AR(2) 具有相同的一阶自相关性 $r(1)$。由此可知，AR(2) 的另一个参数 $\varphi_2=1-\varphi_1/r(1)$。模拟序列的其他参数中，均值 μ_x 与检验结果无关，可以任取，均方差 $\sigma_x=0.2$，样本容量 $n=50$，100，线性趋势斜率 $\beta=0$，0.002，0.005，0.008，分别表示低强度、中等强度和高强度的趋势变化。

趋势检验的第一类错误和检验能力可根据检验拒绝率统计，见式（3.24）：

$$\text{检验拒绝率}=N_{\text{rej}}/10000=\{\text{第一类错误},\beta=0;\quad \text{检验能力},\beta\neq 0\} \tag{3.24}$$

其中，N_{rej} 为拒绝原假设的样本个数。检验的显著性水平选定为 5%。

不难推断，用经验公式替代理论公式以及 $\hat{r}(i)$ 的抽样误差势必会干扰 VC－SR 的性能。为了分析干扰的程度，关于 VC－SR 的试验方案考虑以下三种情况：一是不考虑任何干扰，假定序列的总体结构和参数已知，根据式（3.22）和式（3.23）算得各阶自相关系数的总体值，从而代入理论公式（3.13）估计 $\mathrm{var}^C(\rho)$，记为 VC - $\mathrm{SR}^{\mathrm{Theo.}}$。二是仅考虑经验公式的干扰，即根据总体各阶自相关系数计算 HMR - ESS，从而代入经验公式（3.17）估计 $\mathrm{var}^C(\rho)$，记为 VC - $\mathrm{SR}^{\mathrm{ESS+Theo.r}}$。三是进一步考虑 $\hat{r}(i)$ 抽样误差的干扰，即完全按照 3.2.3 节中建议的使用步骤操作，记为 VC - $\mathrm{SR}^{\mathrm{ESS+Est.r}}$

VC - SR 的试验结果还与预置白方法（PW - SR、TFPW - SR）以及样本分块抽样重组法（BBS - SR）进行了对比。

3.3.2　对第一类错误的处理效果

不同 SR 检验方法的第一类错误统计结果如图 3.5 和图 3.6 所示。理想状态下的 VC - $\mathrm{SR}^{\mathrm{Theo.}}$ 方法成功将放大或缩减的第一类错误恢复到接近 5% 的水平。采用经验公式替代后，VC - $\mathrm{SR}^{\mathrm{ESS+Theo.r}}$ 基本保持了原有的处理效果，其

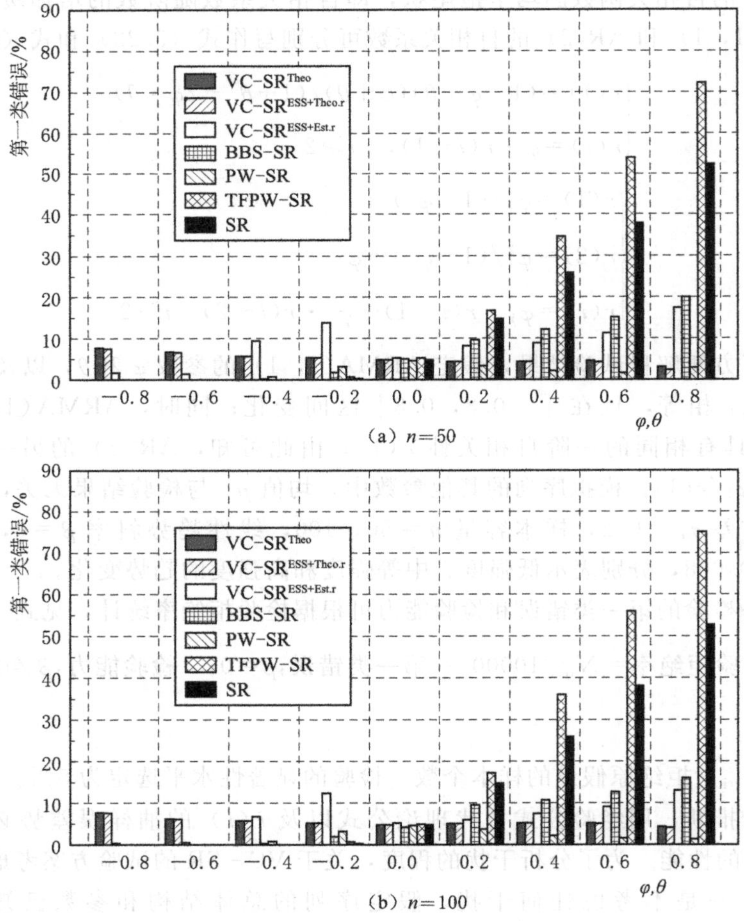

图 3.5　ARMA(1，1) 序列 SR 检验犯第一类错误的概率

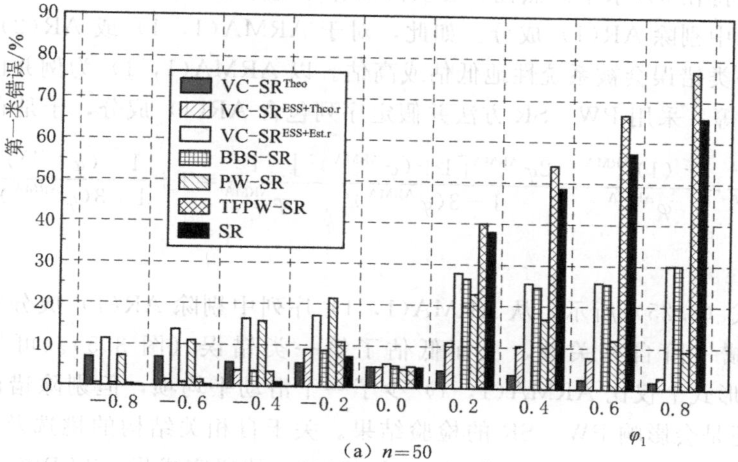

(a) $n=50$

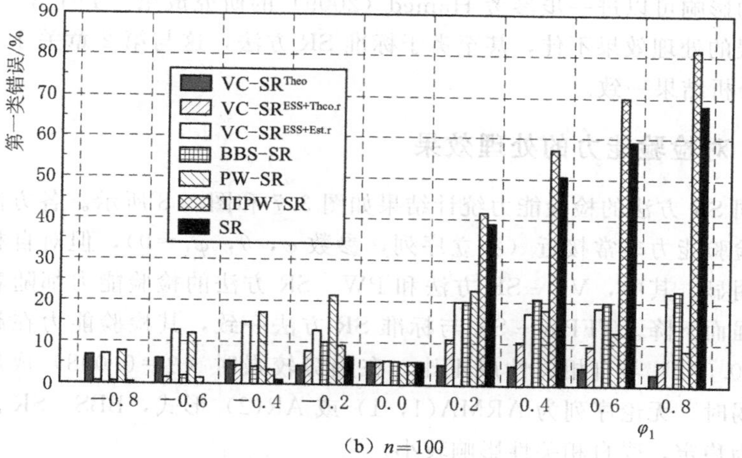

(b) $n=100$

图 3.6 AR(2) 序列 SR 检验犯第一类错误的概率

ARMA(1，1) 序列的结果与 VC-SR$^{Theo.}$ 相当接近。对于 AR(2) 的正自相关序列，VC-SR$^{ESS+Theo.r}$的第一类错误在10%左右。进一步考虑 $\hat{r}(i)$ 抽样误差的影响，VC-SR$^{ESS+Est.r}$的性能有所降低，其第一类错误随着自相关性的增强略有增加。尽管如此，VC-SR$^{ESS+Est.r}$仍然能将第一类错误控制在可接受范围之内。以 ARMA(1，1) 的正自相关序列（$n=50$）为例，VC-SR$^{ESS+Est.r}$将第一类错误从标准 SR 方法的 15%～50%降至 8%～17%。样本容量增大后（$n=100$)，处理效果更加明显。

其他方法中，BBS-SR 的结果与 VC-SR$^{ESS+Est.r}$比较接近。PW-SR 方法如果事先准确识别序列中的自相关结构，并予以剔除，则第一类错误可以相当完美的保持在 5%水平。然而，在实际工作中通常忽略自相关结构的识别，直接从序列中剔除 AR(1) 成分。如此，对于 ARMA(1，1) 或 AR(2) 序列而言，第一类错误会被系统性地低估或高估。以 ARMA(1，1) 为例并已知参数 φ 和 θ 相等，采用 PW - SR 方法并假定序列包含 AR(1) 成分，于是有

$$\frac{\varphi^{\mathrm{AR(1)}}}{\varphi^{\mathrm{ARMA}}}=\frac{r\ (1)^{\mathrm{ARMA}}}{\varphi^{\mathrm{ARMA}}}=\frac{2\varphi^{\mathrm{ARMA}}[1+(\varphi^{\mathrm{ARMA}})^2]}{1+3(\varphi^{\mathrm{ARMA}})^2}\frac{1}{\varphi^{\mathrm{ARMA}}}=1+\frac{1-(\varphi^{\mathrm{ARMA}})^2}{1+3(\varphi^{\mathrm{ARMA}})^2}>1 \tag{3.25}$$

如式 (3.25) 所示，从 ARMA(1，1) 序列中剔除 AR(1) 成分实际上会过度削减一阶自相关性，从而低估了第一类错误（图 3.5）。可见，虽然 AR(1) 形式上仅比 ARMA(1，1) 少了一个滑动平均项，但剔除错误的自相关结构还是会影响 PW - SR 的检验结果。关于自相关结构的挑选及其对 PW 类方法的影响可以进一步参考 Hamed (2009) 的研究成果。TFPW - SR 对第一类错误的处理效果不佳，甚至劣于标准 SR 方法，这与第 2 章关于 TFPW - MK 的分析结果一致。

3.3.3　对检验能力的处理效果

不同 SR 方法的检验能力统计结果如图 3.7 和图 3.8 所示。各方法对独立序列的检验能力非常接近（独立序列，参数 φ，θ，$\varphi_1=0$），但对自相关序列的差异明显。其中，VC - SR 方法和 PW - SR 方法的检验能力都随着自相关性的增强而下降。TFPW - SR 与标准 SR 方法一致，其检验能力在趋势较弱时 ($\beta=0.002$) 与自相关性成正比，在趋势较强时 ($\beta=0.008$) 成反比。在趋势较弱时，无论序列为 ARMA(1，1) 或 AR(2) 形式，BBS - SR 的检验能力均较为稳定，受自相关性影响较小。

考虑到水文气象序列以正自相关性为主，这里重点关注正自相关序列，即参数 φ，θ，$\varphi_1>0$ 的情况，此时，VC - $\mathrm{SR}^{\mathrm{Theo.}}$、VC - $\mathrm{SR}^{\mathrm{ESS+Theo.\,r}}$ 以及 PW - SR 的检验能力最弱。对高度自相关序列（参数 φ，θ，$\varphi_1=0.8$），即使趋势较强 ($\beta=0.008$)，其检出概率也不足 20%。TFPW - SR 的检验能力最强，但由于其第一类错误明显偏离预设的显著性水平，所以不建议使用。VC - $\mathrm{SR}^{\mathrm{ESS+Est.\,r}}$ 与 BBS - SR 的检验能力适中，对高度自相关序列（参数 φ，θ，$\varphi_1=0.8$），高强度趋势 ($\beta=0.008$) 的检出概率不低于 50%。

因此，小结各种 SR 方法的第一类错误和检验能力可以发现，每种方法都不能彻底消除自相关性的作用。在未知自相关结构及其总体参数的前提下，VC - $\mathrm{SR}^{\mathrm{ESS+Est.\,r}}$ 与 BBS - SR 是较为实用的选择，两者都能有效控制第一类错误，同时保持较强的检验能力。

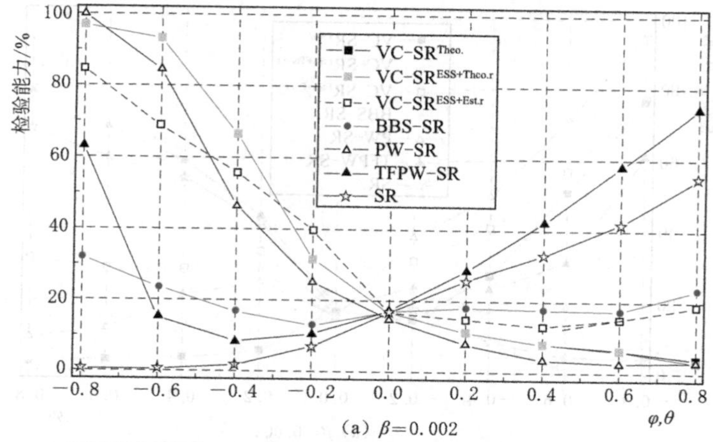

(a) $\beta=0.002$

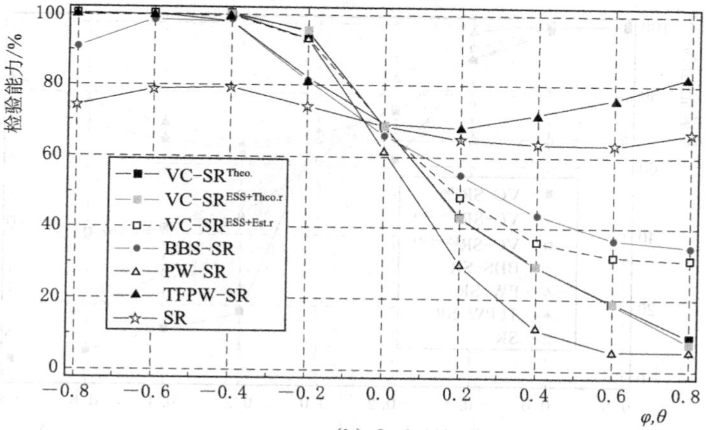

(b) $\beta=0.005$

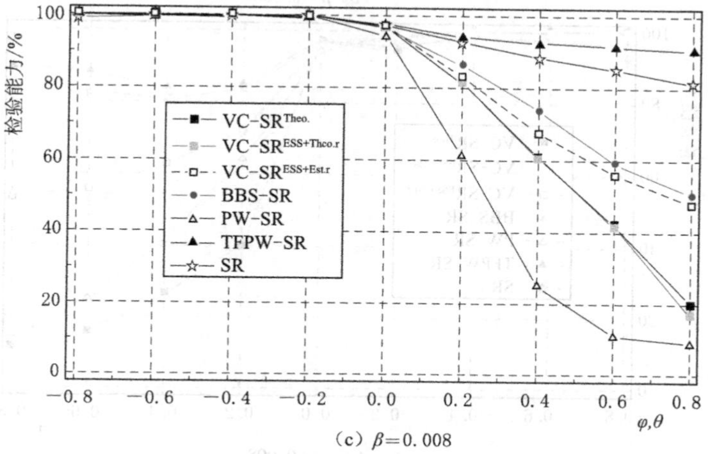

(c) $\beta=0.008$

图 3.7 ARMA(1, 1) 序列 SR 方法的检验能力 ($n=50$)

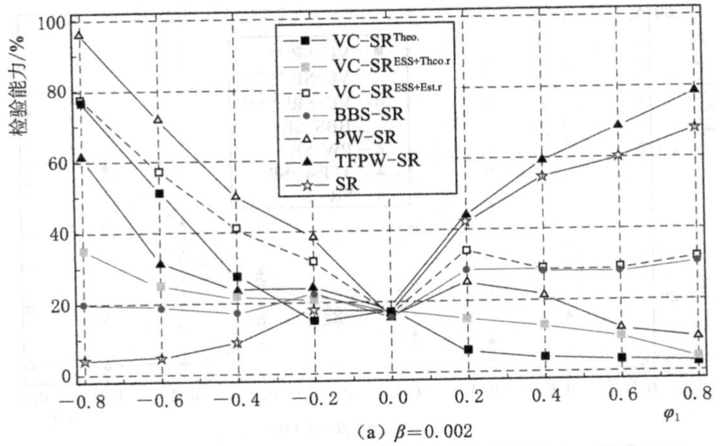

(a) $\beta=0.002$

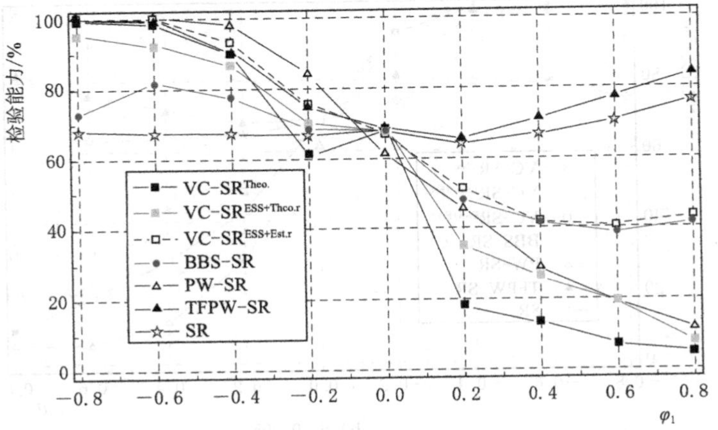

(b) $\beta=0.005$

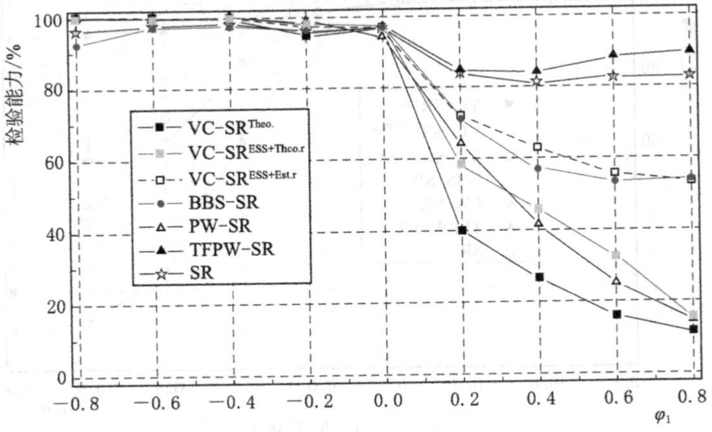

(c) $\beta=0.008$

图 3.8　AR(2) 序列 SR 方法的检验能力（$n=50$）

3.4 实例分析

将各种 SR 方法用于检验长江上游年潜在蒸散发量的趋势显著性，数据源于东英格兰大学气候研究中心发布的 CRU TS 3.22 数据集（Harris 等，2014）。CRU 数据的空间分辨率为 0.5°，覆盖长江上游共计 372 个网格点。本次分析时段取 1961—2011 年，对各网格点年潜在蒸散发序列自相关特性的分析表明，约 58%的原始序列和 28%的去趋势序列展现出显著的一阶自相关性，且均为正向（图 3.9）。可以预见，这些网格点的趋势检验结果会明显受到自相关性的影响。

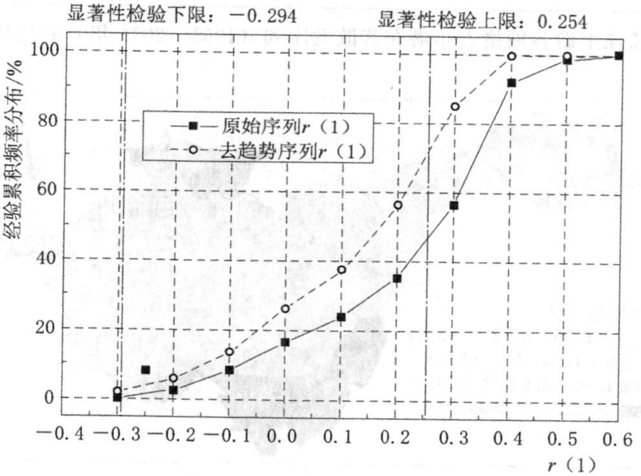

图 3.9 长江上游各网格点年潜在蒸散发序列 $r(1)$ 的经验累积频率分布

显著性水平为 5%时，原 SR 方法检测出 174 个网格点发生了显著上升趋势变化，约占总网格数目的 47%。如果考虑自相关性的影响，各方法仅在 75（20%）网格点支持上述结论。如图 3.10 所示，这 75 个网格点主要分布在流域的南部。不同 SR 方法在 125（34%）个网格点的结论不一致，这些网格点主要分布在东经 98°～108°的流域北部区域。其余的 172（46%）个网格点，所有 SR 方法都认为序列平稳，未发生显著趋势变化。

观察趋势显著性的空间分布可以进一步了解各 SR 方法对实际水文气象序列的适用性。如图 3.11 所示，TFPW - SR 与原 SR 方法的结果并无显著差异。在某些区域，TFPW - SR 检出的上升趋势更为显著，其对自相关性的处理能力有限。其他处理方法都在不同程度上降低了因正自相关性而放大的趋势显著性。PW - SR 认为仅在流域南部的部分区域存在显著上升趋势，VC - SR$^{ESS+Est.r}$ 与 BBS - SR 则认为上升趋势还发生在东经 103°～108°的流域北部地区。

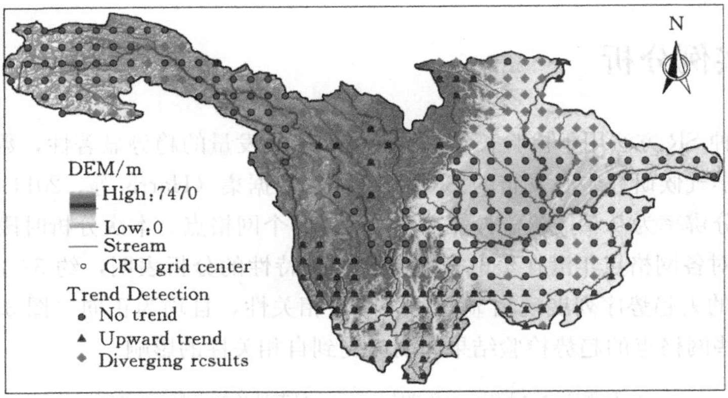

图 3.10　长江上游各网格点年潜在蒸散发序列（1961—2011 年）的趋势检验结果

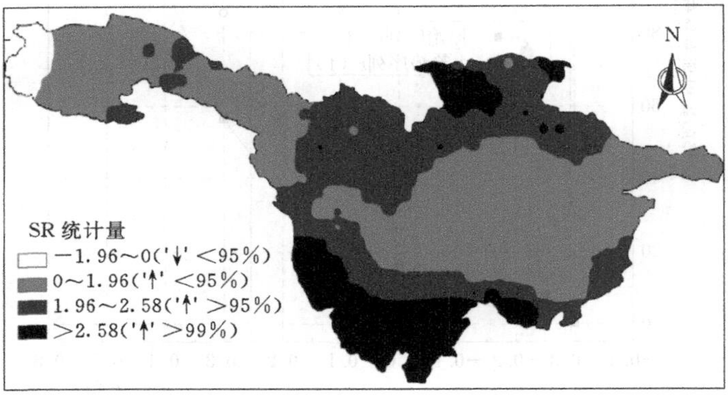

(a) 原 SR 方法

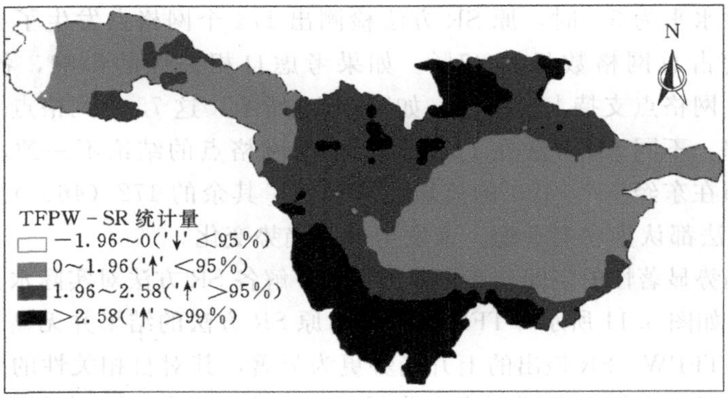

(b) TFPW - SR

图 3.11（一）　长江上游年潜在蒸散发序列趋势显著性的空间分布

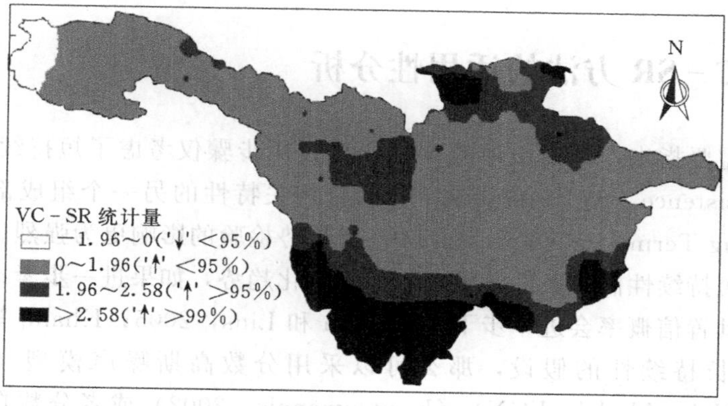

(c) VC－SR$^{ESS+Est.r}$

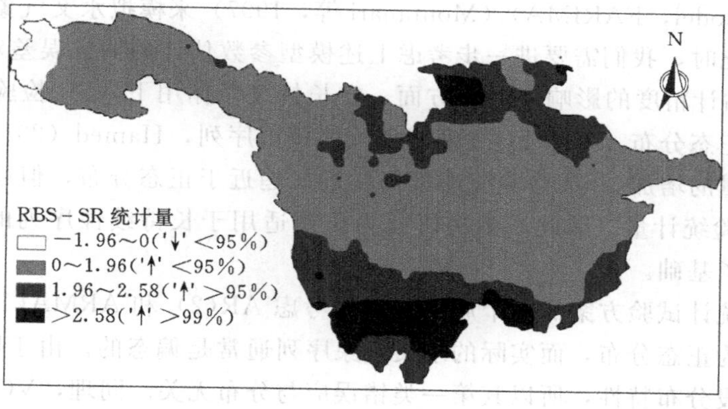

(d) BBS－SR

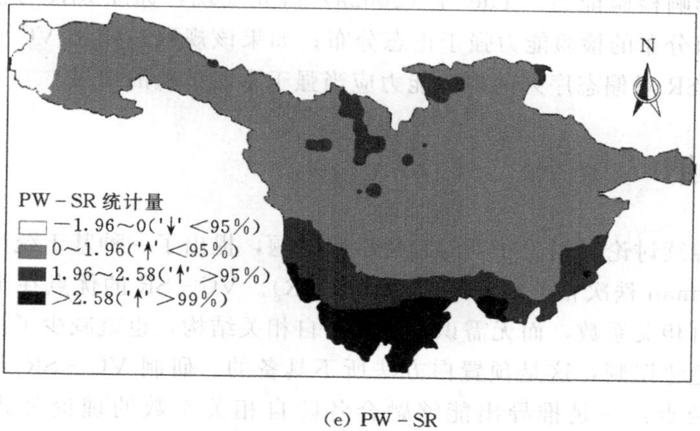

(e) PW－SR

图 3.11（二） 长江上游年潜在蒸散发序列趋势显著性的空间分布

3.5 VC－SR 方法的适用性分析

这里需要指出，本章梳理的 VC－SR 使用步骤仅考虑了短持续性（Short Term Persistence，STP）的影响。作为自相关特性的另一个组成部分，长持续性（Long Term Persistence，LTP）对趋势检验的影响更为强烈。已有研究发现，在短持续性假设条件下发现的显著变化趋势，如果进一步考虑长持续性的作用，其置信概率会进一步下降（Cohn 和 Lins，2005；Khaliq 等，2008）。如果接受长持续性的假设，那么可以采用分数高斯噪声模型（Fractional Gaussian Noise Model，FGN）（Koutsoyiannis，2002）或者分数自回归滑动平均求和模型（Fractionally Differenced Autoregressive Integrated Moving Average Model，FARIMA）（Montanari 等，1997）来模拟水文气象序列的变化过程。此时，我们需要进一步考虑上述模型参数估计的抽样误差对 $r(i)$ 及 $\mathrm{var}^C(\rho)$ 估计精度的影响。另一方面，在长持续性作用下，SR 检验统计量有可能偏离正态分布。基于 FGN 模型生成的模拟序列，Hamed（2014）发现随着样本容量的增加，SR 检验统计量仍然近似趋近于正态分布，但趋近速度慢于 MK 检验统计量。因此，本次研究为研制适用于长持续性序列的 VC－SR 方法奠定了基础。

本次统计试验方案的一个局限在于仅考虑 AR(2) 和 ARMA(1，1) 模型的随机项为正态分布，而实际的水文气象序列通常是偏态的。由于原 SR 方法并没有假设分布特性，所以其第一类错误应与分布无关。同理，VC－SR 方法并没有新增分布假设条件，也应顺利继承 SR 方法的这一优点。然而，偏态特性确实会影响检验能力。Yue 等（2002a）研究发现，标准 MK 方法对 P－Ⅲ分布或极值分布的检验能力强于正态分布；如果该规则适用于 VC－SR 方法，那么 VC－SR 对偏态序列的检验能力应当强于本次试验的结果。

3.6 小结

本章继续讨论自相关序列的趋势检验问题，提出了一种基于统计量方差校正的 Spearman 秩次相关检验方法（VC－SR）。VC－SR 的优点在于仅需要估计序列的自相关系数，而无需识别序列的自相关结构，也就减少了该识别错误所导致的趋势误判，这是预置白方法所不具备的。研制 VC－SR 方法的努力主要包括两点：一是推导出能够融合各阶自相关系数的理论公式，以校正 Spearman 秩次相关系数的方差。与 Hamed（2014）稍早前提出的理论公式相比，新公式节省了约 75%的计算量。两公式在样本容量较大时有相似的计算精度，但新公式可以节约相当可观的计算时间，对包含大量站点的区域趋势检测问题颇为有用。二是提出了 VC－SR 方法的使用步骤。该步骤建议从去趋势序列中估计前若干阶显著的自相关系数，并可以通过有效样本容量（HMR－ESS），更方便地校正 SR 检验统计量。统计试验结果表明，VC－SR 方法与前章提出的 VCPW－MK 方法类似，都能够保持较低的第一类错误，并具备较强的检验能力。在传统的预置白方法中，建议使用 PW－SR 方法，但应注意其性能与识别自相关结构的准确性有关。

综上所述，忽略自相关性的影响或者采用不适当的自相关处理技术都可能引起趋势误判。稳健的趋势检验策略应当首先分析检测序列的各项统计特性，包括方差、线性趋势斜率、自相关性及概率分布特性等。其次，量身定制统计试验方案，评估各种检验方法的性能，包括第一类错误和检验能力。最后，从中选择若干种可靠的检验方法。当检验结果一致时，倾向于接受该结论，并尝试解释其物理成因。

第4章　考虑水文气象序列长-短持续性结构特征的Sen趋势分析方法

本章进一步考虑自相关特性的两类组成，即长-短持续性结构特征对趋势检验的影响，以及如何校正检验统计量，减少趋势误判。研究对象是新近提出的Sen趋势分析方法。Sen方法的优点颇受关注，能直观展现序列内部各级别数据段的趋势情况，有助于对洪水、干旱等极端事件的情势分析。因此，Sen方法的原创论文（Sen，2012）曾获得美国土木工程师学会（ASCE）杂志Journal of Hydrologic Engineering 2014年最佳技术论文奖，并被迅速而广泛地用于实际水文气象观测数据的分析工作。

然而，已有研究未能重视自相关特性对Sen方法中趋势检验技术的干扰，特别是未能有效识别长-短持续性结构对检验性能的独特影响。为了有效削减干扰，本章以水文气象过程中最常见的两种随机模型：FGN和AR(1)，分别作为长、短持续性结构的原型，推导出与之相适应的统计量方差校正公式。以此为基础，建立基于统计量方差校正的Sen趋势检验方法及其使用步骤，并通过统计试验和实例分析验证其检验性能和实用效果。

4.1　持续性对Sen趋势分析方法的影响

4.1.1　标准Sen趋势分析方法

标准Sen趋势分析方法建议采用一种新型趋势图，直观展现序列内部的趋势特征（图4.1）。趋势分析图的制作方法简便易行，首先将序列平均分为两段，分别由小至大排列。在直角坐标系中，按照升序，逐一绘制点据，重置点据以两段子序列取值为横纵坐标。调整横纵坐标轴，使其区间范围一致。该直角坐标系中的45°线即为升降趋势识别线，若点据聚集在45°线以上（下），指示原序列呈现单调上升（下降）趋势；若点据分布在45°线两侧，则指示原序列包含非单调趋势成分；若点据汇集在45°线附近，则表明原序列近乎平稳。

在Sen趋势图中，线性趋势呈现为45°线的平行线。趋势线与45°线的距离表征了趋势斜率β的强度，可采用式（4.1）估计。

$$\beta=\frac{2(\overline{y}_2-\overline{y}_1)}{n} \tag{4.1}$$

式中：$\overline{y}_1$ 和 $\overline{y}_2$ 分别为前后两段子序列的均值；（$\overline{y}_1$，$\overline{y}_2$）即为点据的重心；n 为序列长度。

举例说明 Sen 趋势图的应用效果。随机生成白噪声序列（均值取 10，均方差取 5，长度为 1000），趋势斜率为 0.015 的线性趋势成分。如图 4.1 所示，

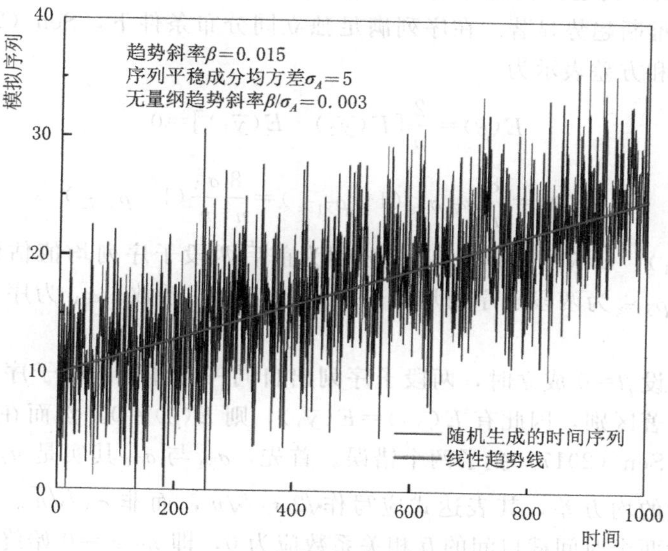

（a）时间序列图

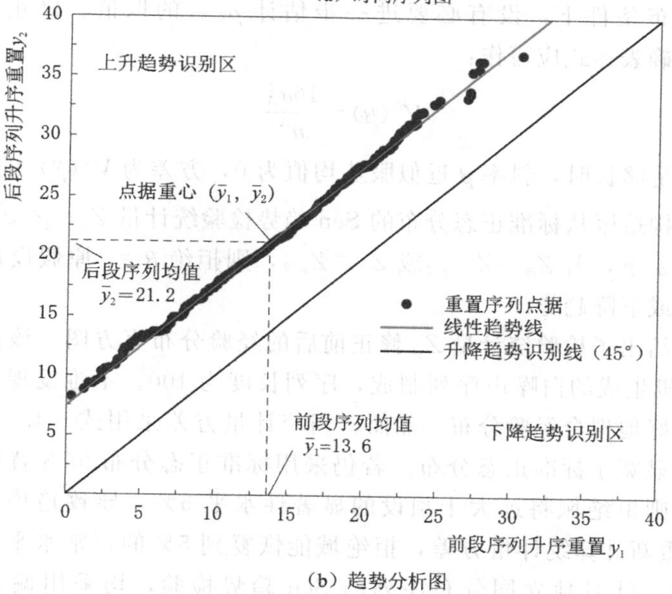

（b）趋势分析图

图 4.1 Sen 趋势分析图

趋势线穿过点据重心，位于上升趋势识别区。据式（4.1）算得趋势斜率 $\hat{\beta}=0.0152$，非常接近预设斜率。实际上，式（4.1）是线性趋势斜率的无偏估计之一，且估计量方差会随着趋势在序列中的延展而逐渐减小。

趋势显著性检验的基本思路是考察斜率 β 是否显著区别于0，即利用斜率 β 的统计性质，构造检验统计量，考察原假设 $\beta=0$ 是否成立。如果原假设被拒绝，则可推断趋势显著。在序列满足独立同分布条件下，Sen（2017）将斜率 β 的均值和方差表示为

$$E(\beta)=\frac{2}{n}[E(\overline{y}_2)-E(\overline{y}_1)]=0 \tag{4.2}$$

$$V^0(\beta)=\frac{8}{n^2}\sigma_{\overline{y}1}\sigma_{\overline{y}2}(1-\rho_{\overline{y}1\overline{y}2})=\frac{8}{n^2}\frac{\sigma_A^2}{n}(1-\rho_{\overline{y}1\overline{y}2}) \tag{4.3}$$

式中：$E(\overline{y}_1)$、$E(\overline{y}_2)$ 与 $\sigma_{\overline{y}1}$、$\sigma_{\overline{y}2}$ 分别为前后两段子序列均值估计量的期望与均方差；$\rho_{\overline{y}1\overline{y}2}$ 为两段子序列均值估计量的互相关系数；σ_A 为序列平稳成分的均方差。

当原假设 $\beta=0$ 成立时，两段子序列出自同一总体，两段子序列的均值估计量没有显著区别，因此有 $E(\overline{y}_2)=E(\overline{y}_1)$，则 $E(\beta)=0$。然而在推导 $V^0(\beta)$ 表达式时，Sen（2017）犯了两个错误。首先，$\sigma_{\overline{y}1}$ 与 $\sigma_{\overline{y}2}$ 其实是 $n/2$ 个序列的均值估计量的均方差，其表达式应写作 $\sqrt{2}\sigma_A/\sqrt{n}$，而非 $\sigma_A/\sqrt{n}$。其次，独立序列在任意两个时间截口间的互相关系数应为0，即 $\rho_{\overline{y}1\overline{y}2}=0$ 始终成立。因此在独立同分布条件下，没有必要进一步估计 $\rho_{\overline{y}1\overline{y}2}$ 的取值。修正上述错误，$V^0(\beta)$ 的正确表达式应写作：

$$V^0(\beta)=\frac{16\sigma_A^2}{n^3} \tag{4.4}$$

当序列足够长时，斜率 β 近似服从均值为0，方差为 $V^0(\beta)$ 的正态分布。因此，可以构造服从标准正态分布的Sen趋势检验统计量 $Z_\beta=\beta/\sqrt{V^0(\beta)}$。在显著性水平 α 下，若 $Z_\beta>Z_{1-\alpha/2}$ 或 $Z_\beta<Z_{\alpha/2}$，则拒绝 $\beta=0$ 原假设认为序列存在显著上升或下降趋势。

图4.2给出了检验统计量 Z_β 修正前后的经验分布直方图。该直方图采用10000组随机生成的白噪声序列制成，序列长度为100。不难发现，正态分布的确能够较好地拟合经验分布。然而，当统计量方差采用式（4.3）计算，其经验分布明显宽于标准正态分布。若仍采用标准正态分布95%置信区间的临界值判断，则拒绝域将远大于预设的显著性水平5%，导致趋势误判。采用式（4.4）重新计算统计量方差，拒绝域能恢复到5%的正常水平。在本章下面的分析中，针对独立同分布序列的Sen趋势检验，均采用偏差修正后的式（4.4）计算检验统计量。

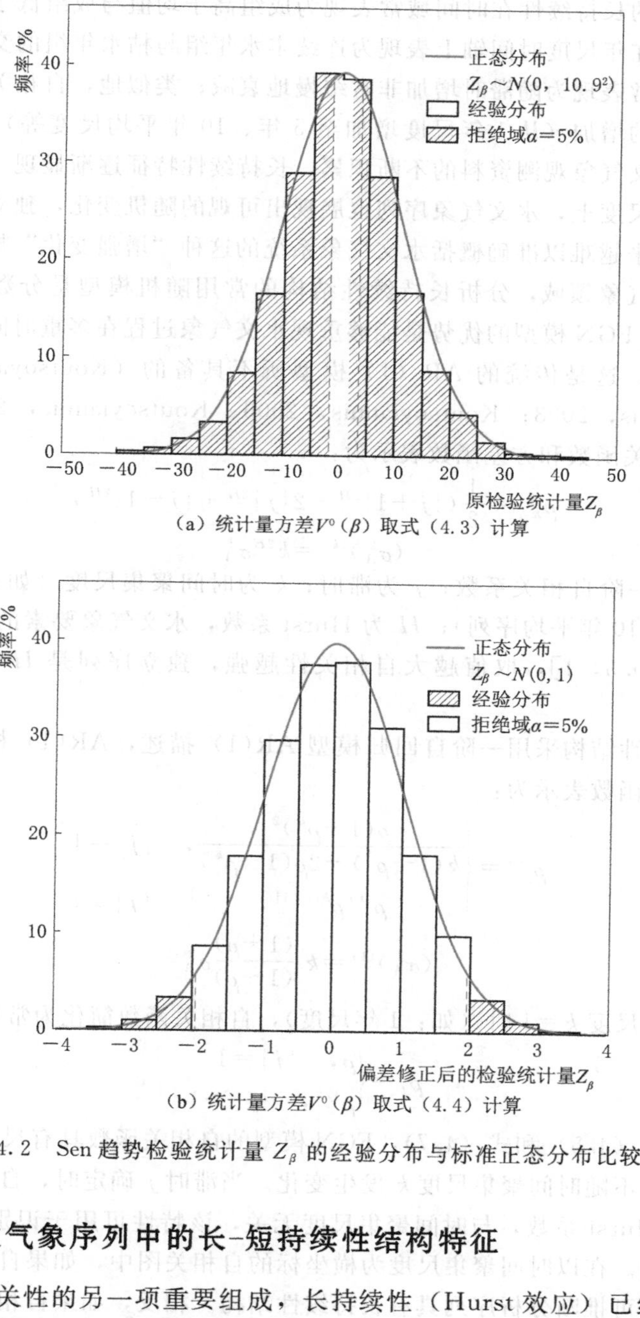

(a) 统计量方差$V^0(\beta)$取式(4.3)计算

(b) 统计量方差$V^0(\beta)$取式(4.4)计算

图 4.2　Sen 趋势检验统计量 Z_β 的经验分布与标准正态分布比较

4.1.2　水文气象序列中的长-短持续性结构特征

作为自相关性的另一项重要组成，长持续性（Hurst 效应）已经在许多水循环学要素的观测序列中得到证实，被认为是解释水文气象系统不确定性的重要原因，也是度量水文气象序列在多重时间聚集尺度随机变化的有效指标。水文气象过程的长持续性在时间域常表现为成组高于均值与成组低于均值交替演进的现象；在年尺度时间轴上表现为连续丰水年组与枯水年组的交替发生；在自相关图上常表现为随滞时增加非常缓慢地衰减；类似地，自相关系数随着时间聚集尺度的增加（从 1 年尺度增加至 5 年、10 年平均尺度等）也呈缓慢衰减。随着水文气象观测资料的不断积累，长持续性特征逐渐显现。即便在较高的时间聚集尺度上，水文气象序列也展现出可观的随机变化，独立或短持续性结构已经越来越难以准确概括水文气象系统的这种“增强变化”规律。

在水文气象领域，分析长持续性结构的常用随机模型是分数高斯噪声模型（FGN）。FGN 模型的优势是能够重现水文气象过程在多重时间聚集尺度上的随机变化，这是传统的 AR（1）模型所不具备的（Koutsoyiannis，2002；Koutsoyiannis，2003；Koutsoyiannis，2006；Koutsoyiannis，2013）。FGN 模型的自相关函数和方差函数表示为：

$$\rho_j^{(k)}=\frac{1}{2}(|j+1|^{2H}-2|j|^{2H}+|j-1|^{2H}) \tag{4.5}$$

$$(\sigma_A^2)^{(k)}=k^{2H}\sigma_A^2 \tag{4.6}$$

式中：ρ 为一阶自相关系数；j 为滞时；k 为时间聚集尺度（如，$k=10$ 表示分析序列为 10 年平均序列）；H 为 Hurst 系数，水文气象要素的 H 取值范围通常位于 [0.5，1]，取值越大自相关性越强，独立序列是 $H=0.5$ 的特殊情况。

短持续性结构采用一阶自回归模型 AR(1) 描述，AR(1) 模型的自相关函数和方差函数表示为：

$$\rho_j^{(k)}=\begin{cases}\dfrac{\rho(1-\rho^k)^2}{k(1-\rho^2)-2\rho(1-\rho^k)}, & |j|=1\\ \rho^{(k)}\rho^{k|j-1|}, & |j|>1\end{cases} \tag{4.7}$$

$$(\sigma_A^2)^{(k)}=k\,\frac{(1+\rho)}{(1-\rho)}\sigma_A^2 \tag{4.8}$$

当时间聚集尺度 $k=1$ 时（如：1 年尺度），自相关函数简化为常见形式：

$$\rho_j=\begin{cases}\rho, & |j|=1\\ \rho^{|j|}, & |j|>1\end{cases} \tag{4.9}$$

观察式（4.5）和式（4.7），FGN 模型的自相关函数具有尺度不变性，即自相关系数不随时间聚集尺度 k 发生变化。当滞时 j 确定时，自相关函数取值仅取决于 Hurst 系数，与时间聚集尺度无关，该特性可用于识别序列的长-短持续性结构。在以时间聚集尺度为横坐标的自相关图中，如果自相关系数与尺度无关，则可推断分析序列具有长持续性结构。相反，如果自相关系数随时间聚集尺度增加而快速衰减，则可推断为短持续性结构。在以后提出的改进 Sen 检验方法中，将以长-短持续性结构的识别作为首要步骤。

为了方便比较长-短持续性结构对 Sen 检验方法的影响，在同一组对比试验中，AR(1) 和 FGN 模型都使用了统一的一阶自相关系数 ρ。FGN 模型的参数 H 可由 ρ 据式（4.10）转换算得。当 $k=1$ 和 $j=1$ 时，式（4.10）与式（4.5）等价。

$$H=\frac{1}{2}\left[1+\frac{\ln(1+\rho)}{\ln 2}\right] \tag{4.10}$$

4.1.3 长-短持续性对统计量方差和第一类错误的影响

仍沿用 2.2.1 中所述的方差放大系数 $VIF=V(\beta)/V^0(\beta)$，描述长-短持续性对 Sen 趋势检验统计量方差的放大作用。其中，$V(\beta)$ 和 $V^0(\beta)$ 分别表示自相关序列和独立序列的统计量方差，即线性趋势斜率的估计量方差。$V(\beta)$ 从随机模拟的 500×500 组 AR(1) 和 FGN 序列中统计算得，$V^0(\beta)$ 理论值由式（4.4）计算。

表 4.1 给出了方差放大系数伴随持续性强度（以一阶自相关系数 ρ 表达）、持续性结构、序列长度的变化情况。总体来看，随着持续性强度和序列长度的增加，方差放大程度逐渐加剧。具体到长-短持续性结构的影响，AR(1) 和 FGN 序列的方差放大程度不尽相同。一般情况下，FGN 序列的方差放大程度比 AR(1) 序列更明显。但由于持续性强度对 FGN 序列的方差放大作用是非单调的，先增大后减小；故而在持续性较强或序列较短时，AR(1) 序列的方差放大系数反而会超过 FGN 序列。

表 4.1　方差放大系数 $V(\beta)/V^0(\beta)$ 随持续性特征的变化

n	ρ									
	0.0	0.1	0.2	0.3	0.4	0.5	0.6	0.7	0.8	0.9
短持续性序列 AR(1)										
30	1.00	1.21	1.44	1.74	2.11	2.61	3.24	4.15	5.19	5.69
50	1.00	1.21	1.46	1.79	2.20	2.77	3.54	4.73	6.63	9.21
100	1.00	1.21	1.48	1.82	2.26	2.89	3.77	5.18	7.80	13.61
150	1.00	1.22	1.49	1.83	2.29	2.92	3.83	5.36	8.16	15.45
200	1.00	1.22	1.49	1.84	2.31	2.94	3.89	5.44	8.38	16.31
长持续性序列 FGN										
30	1.00	1.31	1.64	1.95	2.24	2.43	2.52	2.39	1.99	1.23
50	1.00	1.41	1.87	2.36	2.85	3.28	3.55	3.53	3.07	1.97
100	1.00	1.54	2.24	3.06	4.02	4.91	5.69	6.03	5.55	3.74
150	1.00	1.63	2.51	3.57	4.90	6.25	7.47	8.21	7.77	5.45
200	1.00	1.70	2.71	3.98	5.62	7.37	9.09	10.20	9.93	7.09

持续性对统计计量方差的放大作用，将直接导致趋势检验犯第一类错误的概率增加。如图 4.3 所示，只有独立序列（$\rho=0$）的第一类错误概率等于显著性水平 5%，自相关序列（$\rho>0$）的第一类错误概率均明显增加。对长持续性序列（FGN）而言，第一类错误的增幅还与序列长度有关。

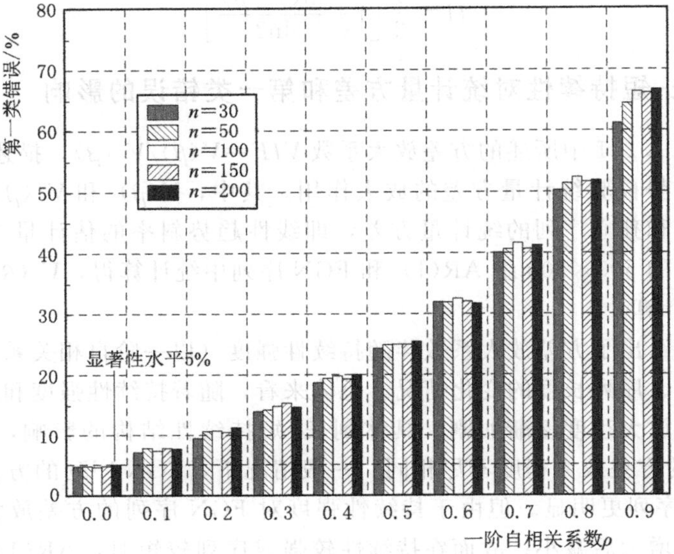

（a）短持续性序列 AR（1）

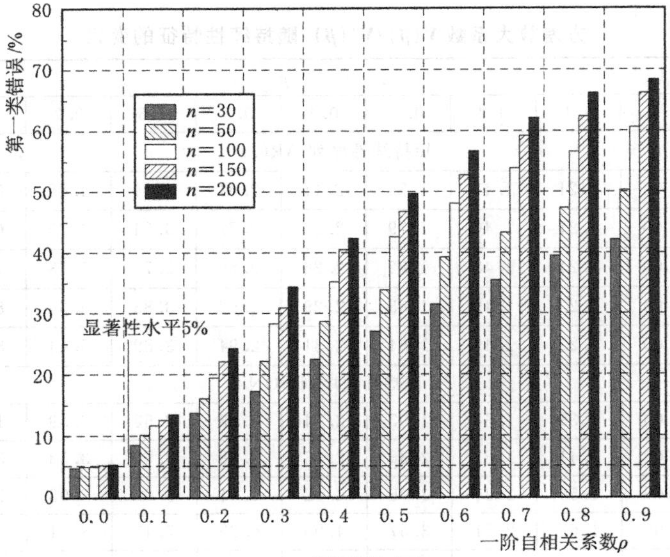

（b）长持续性序列FGN

图 4.3 持续性特征对标准 Sen 趋势检验方法第一类错误的影响

显然，实际观测序列的长度一般在100年以下，持续性未必能达到模拟序列的强度，但持续性对第一类错误的影响仍相当可观。近年来，对全球年降雨、径流要素的分析结果表明，观测序列愈发显现出自相关性，特别是长持续性特征（Iliopoulou等，2018；Markonis等，2018）。年降雨和径流要素的Hurst系数H的全球均值约为0.58和0.65。将H取值代入式（4.5），可算得相应的一阶自相关系数ρ为0.12和0.23。由图4.3（b）可知，FGN序列在$\rho=0.12$和$\rho=0.23$处的第一类错误概率约为13%和21%，相当于显著性水平5%的2.6倍和4.2倍，趋势误判概率明显增加。因此，无论从统计试验需求，还是从实际观测序列的分析角度来看，研究建立适用于自相关序列的Sen趋势检验方法都显得十分必要。

4.2 基于方差校正的Sen趋势检验方法（VC - Sen）

4.2.1 统计量方差校正的理论基础

标准Sen趋势检验方法是以序列满足独立性假设为前提条件的。本节将重新构造适用于自相关序列的Sen趋势检验统计量方差，并分别以FGN和AR(1)模型为原型，考虑长-短持续性结构特征的影响。

回顾标准Sen方法的统计量方差估计公式（4.3），自相关过程的$\rho_{\overline{y}_1\overline{y}_2}$应展开为：

$$\rho_{\overline{y}_1\overline{y}_2}=\frac{E(\overline{y}_1\overline{y}_2)-E(\overline{y}_1)E(\overline{y}_2)}{\sigma_{\overline{y}_1}\sigma_{\overline{y}_2}} \tag{4.11}$$

将其代入式（4.3），并考虑到$E(\overline{y}_1)=E(\overline{y}_2)$且$\sigma_{\overline{y}_1}=\sigma_{\overline{y}_2}$，式（4.3）可进一步写作：

$$V^C(\beta)=\frac{8}{n^2}[\sigma_{\overline{y}_1}^2+E^2(\overline{y}_1)-E(\overline{y}_1\overline{y}_2)] \tag{4.12}$$

根据基本的概率运算法则，将$E(\overline{y}_1\overline{y}_2)$展开，式（4.12）可简化成如下形式：

$$V^C(\beta)=\frac{8}{n^2}\left(\sigma_{\overline{y}_1}^2-\frac{4}{n^2}\sigma_A^2\cdot R\right) \tag{4.13}$$

式中：R为各阶自相关系数之和，$R=\sum_{i=1}^{n/2}\sum_{j=n/2+1}^{n}\rho_{(j-i)}$；$\rho_{(j-i)}$为时间聚集尺度$k=1$时的$(j-i)$阶自相关系数。对于以FGN为原型的长持续性序列，$\rho_{(j-i)}$可以根据式（4.5）由Hurst系数$H$计算。相应地，对于以AR(1)为原型的短持续性序列，$\rho_{(j-i)}$可据式（4.9）由一阶自相关系数ρ算得。

自相关过程的均值估计量方差写作$\sigma_{\overline{y}_1}^2=k^{-2}(\sigma^2)^{(k)}$，其中，$k$取$n/2$；对

于长持续性序列，$(\sigma^2)^{(k)}$ 采用 FGN 模型的表达式 (4.6)；对于短持续性序列，$(\sigma^2)^{(k)}$ 采用 AR(1) 模型的表达式 (4.8)。

经过上述推导，对于长持续性序列，Sen 趋势检验统计量方差的最终形式写作：

$$V^C(\beta)=\frac{16}{n^3}\sigma_A^2\left[\left(\frac{n}{2}\right)^{2H-1}-\frac{2}{n}R\right] \tag{4.14}$$

对于短持续性序列，Sen 趋势检验统计量方差的最终形式写作：

$$V^C(\beta)=\frac{16}{n^3}\sigma_A^2\left(\frac{1+\rho}{1-\rho}-\frac{2}{n}\cdot R\right) \tag{4.15}$$

对于独立序列，$H=0.5$、$\rho=0$、$R=0$，两式等价于标准 Sen 检验统计量方差的计算公式 (4.4)。换而言之，两式是融入长-短持续性特征后，标准 Sen 检验统计量方差的一般形式。

经过方差校正，Sen 趋势检验统计量写作 $Z_{\beta C}=\beta/\sqrt{V^C(\beta)}$。那么，持续性是否会影响 $Z_{\beta C}$ 的正态分布性质呢？由图 4.4 可知，即便是在极端情况下（H 和 ρ 分别取值 0.9），标准正态分布也依然能够较好地拟合 $Z_{\beta C}$ 的经验分布。因此，对自相关序列而言，检验统计量 $Z_{\beta C}$ 仍可沿用标准正态分布的临界值判断趋势显著性。

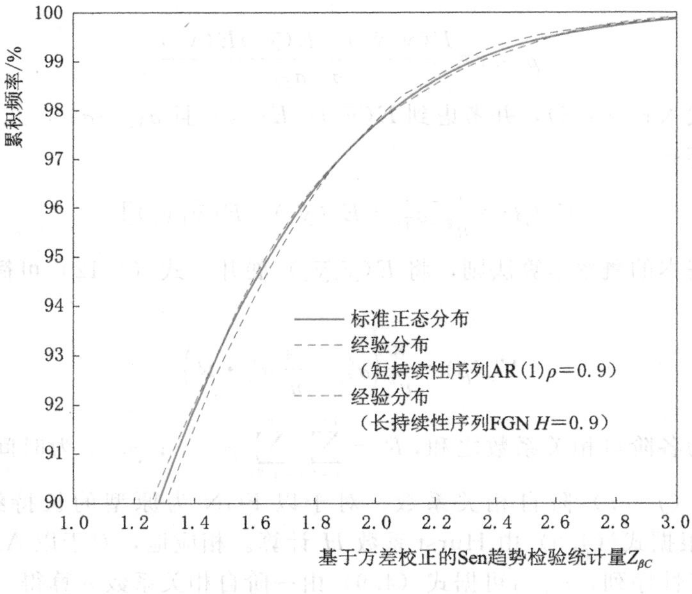

图 4.4　方差校正后 Sen 检验统计量的累积频率分布

4.2.2 VC－Sen 法的使用步骤

经过上述分析，可将标准 Sen 趋势检验方法的适用范围拓展至自相关序列，并融合长-短持续性结构特征的影响，新方法拟命名为“基于统计量方差校正的 Sen 趋势检验方法（VC－Sen）”。具体操作步骤包括以下几方面内容：

（1）持续性结构特征识别。绘制分析序列的自相关图，以时间聚集尺度为横坐标，相应聚集序列的一阶自相关系数估计值为纵坐标。如果自相关系数稳定在常数附近，或略有衰减，则可推断该序列具有长持续性结构。反之，如果自相关系数随尺度增加而迅速衰减，则推断为该序列具有短持续性结构。

（2）持续性特征参数估计。对于以 FGN 为原型的长持续性结构，Hurst 系数 H 建议采用极大似然法估计。已有研究证明，在各类参数估计方法中，用极大似然法估计 H，偏差较小且有效性较好（Tyralis 和 Koutsoyiannis，2011）。对于以 AR(1) 为原型的短持续性结构，自相关系数 ρ 建议从去趋势序列中估计，并按照 $\rho=(n\hat{\rho}+2)/(n-4)$ 做偏差校正（Hamed，2009）。

（3）统计量方差校正。根据持续性结构特征的识别结果，校正统计量方差 $V^C(\beta)$。长持续性结构采用式（4.14）计算，短持续性结构采用式（4.15）计算。

（4）趋势显著性检验。选定显著性水平 α，用校正后的检验统计量 $Z_{\beta C}$ 与标准正态分布的临界值 $Z_{1-\alpha/2}$ 和 $Z_{\alpha/2}$ 比较，评价趋势显著性。

4.3 VC－Sen 检验效果的统计试验

4.3.1 试验方案设计

为了评价 VC－Sen 方法对长-短持续性序列的适应性，本次统计试验方案生成 10000 组 AR(1) 和 FGN 序列 A_t，并附加不同程度的线性趋势成分，如式（4.16）所示。序列长度 $n\in[30,40,\cdots,200]$，自相关系数 $\rho\in[0,0.1,\cdots,0.9]$，无量纲趋势 $\beta/\sigma_A\in[0,0.005,\cdots,0.05]$。趋势检验的第一类错误和检验能力仍沿用检验拒绝率统计，见式（3.24）。

$$x_t=A_t+\beta t \tag{4.16}$$

理想情况下，校正后的第一类错误应当严格等于预设的显著性水平。然而在检测实测序列时，持续性结构识别和特征参数的估计误差都会影响校正精度。因此，本次研究分别讨论以下 3 种试验情形：理想情形Ⅰ，持续性结构及其特征参数都已精准识别。情形Ⅱ假设持续性结构已知，仅考虑特征参数估计误差的影响。情形Ⅲ假设特征参数已知，但误识了持续性结构，即误将长（短）持续性序列误识为AR(1)（FGN）模型。

判断第一类错误是否明显偏离显著性水平需要设定评价标准。本次研究将第一类错误的可接受域设定为3.3%～6.7%，显著性水平为5%。则其对应的统计量方差放大系数$VIF=V(\beta)/V^C(\beta)$设定在0.8～1.2之间。当$VIF<0.8$时，统计量方差过度校正，趋势漏检比例增加。当$VIF>1.2$时，统计量方差校正不足，容易高估趋势显著性。

本次试验还将分析VC-Sen方法在各种持续性强度下的检验能力，并与方差校正前的标准Sen方法以及标准MK方法进行比较。

4.3.2 对统计量方差和第一类错误的处理效果

统计量方差的校正效果如表4.2和表4.3所示。与校正前相比（表4.1），方差放大系数在各种情形下均明显减小。具体来看，情形Ⅰ的校正效果最好，校正方差与理论值几乎达成一致。统计试验结果验证了方差校正理论公式（4.14）和式（4.15）的正确性。情形Ⅱ考虑了持续性特征参数ρ和H的样本估计误差，统计试验结果表明，校正效果随着序列长度的延展而明显改善。而持续性越强，特征参数的估计误差越大，容易导致方差校正不足。情形Ⅲ重点考虑了误识持续性结构的影响。由表可见，此时方差的有效校正区间较窄。用长持续性结构校正短持续性序列，在持续性较强时会导致校正不足，在序列较长时会导致过度校正；反之亦然。

表4.2 短持续性序列AR(1)在校正后的方差放大系数$V(\beta)/V^C(\beta)$

n	ρ									
	0.0	0.1	0.2	0.3	0.4	0.5	0.6	0.7	0.8	0.9
情形Ⅰ：用短持续性结构AR(1)校正，且已知参数ρ总体值										
30	1.00	1.01	1.00	1.00	1.00	1.00	1.00	1.01	1.00	1.00
50	1.00	1.00	1.00	1.00	1.00	1.00	1.00	1.00	1.00	1.00
100	1.00	1.00	1.00	1.00	1.00	1.00	1.00	1.00	1.00	1.00
150	1.00	1.00	1.00	1.00	1.00	1.00	0.99	1.00	1.00	1.00
200	1.00	1.00	1.00	1.00	1.00	1.00	1.00	1.00	1.00	1.00
情形Ⅱ：用短持续性结构AR(1)校正，参数ρ取样本估计值										
30	0.91	0.91	0.89	0.88	0.89	0.90	0.97	1.22	1.76	2.89
50	0.95	0.94	0.92	0.92	0.90	0.90	0.91	0.95	1.15	2.17
100	0.97	0.96	0.96	0.96	0.95	0.95	0.93	0.91	0.89	1.19
150	0.99	0.98	0.98	0.97	0.97	0.96	0.95	0.94	0.91	0.97
200	0.99	0.99	0.99	0.98	0.98	0.96	0.97	0.96	0.93	0.91

续表

n	ρ									
	0.0	0.1	0.2	0.3	0.4	0.5	0.6	0.7	0.8	0.9
情形Ⅲ：用长持续性结构 FGN 校正，且已知参数 H 总体值										
30	1.00	0.92	0.88	0.89	0.95	1.07	1.29	1.74	2.61	4.63
50	1.00	0.86	0.78	0.76	0.77	0.84	1.00	1.34	2.16	4.67
100	1.00	0.79	0.66	0.59	0.56	0.59	0.66	0.86	1.41	3.64
150	1.00	0.75	0.60	0.51	0.47	0.47	0.51	0.66	1.05	2.84
200	1.00	0.72	0.55	0.46	0.41	0.40	0.43	0.53	0.84	2.29

注 “下划线”表示在该情形下，统计量方差被过度校正“$V(\beta)/V^C(\beta)<0.8$”或校正不足“$V(\beta)/V^C(\beta)>1.2$”。

表 4.3　长持续性序列 FGN 在校正后的方差放大系数 $V(\beta)/V^C(\beta)$

n	ρ									
	0.0	0.1	0.2	0.3	0.4	0.5	0.6	0.7	0.8	0.9
情形Ⅰ：用长持续性结构 FGN 校正，且已知参数 H 总体值										
30	1.00	1.00	1.00	1.00	1.00	1.00	1.00	1.00	1.00	1.00
50	1.00	1.00	1.00	1.00	1.00	1.00	1.00	1.00	1.00	1.00
100	1.00	1.00	1.00	1.00	1.00	1.00	1.00	1.01	1.01	1.00
150	1.00	1.00	1.00	1.00	1.00	1.00	1.00	1.00	1.00	1.00
200	1.00	1.00	1.00	1.00	1.00	1.00	1.00	1.00	1.00	1.00
情形Ⅱ：用长持续性结构 FGN 校正，参数 H 取样本估计值										
30	0.91	1.08	1.24	1.32	1.41	1.49	1.55	1.67	1.75	1.89
50	0.90	1.08	1.16	1.24	1.26	1.32	1.37	1.47	1.56	1.67
100	0.89	1.06	1.11	1.13	1.15	1.15	1.21	1.29	1.37	1.47
150	0.89	1.05	1.09	1.10	1.11	1.13	1.16	1.20	1.26	1.38
200	0.89	1.05	1.07	1.08	1.08	1.10	1.12	1.16	1.21	1.30
情形Ⅲ：用短持续性结构 AR(1) 校正，且已知参数 ρ 总体值										
30	1.00	1.09	1.14	1.12	1.06	0.94	0.77	0.58	0.38	0.22
50	1.00	1.17	1.28	1.33	1.29	1.19	1.00	0.74	0.46	0.21
100	1.00	1.27	1.51	1.68	1.77	1.71	1.51	1.16	0.71	0.27
150	1.00	1.34	1.68	1.95	2.14	2.15	1.94	1.53	0.95	0.35
200	1.00	1.39	1.81	2.17	2.44	2.51	2.34	1.87	1.18	0.44

图 4.5 和图 4.6 进一步直观展示了 Sen 统计量方差的有效校正区（淡灰色）、过度校正区（白色）以及校正不足区（深灰色）。在情形Ⅱ中，有效校正

区明显随着序列延长而逐渐扩展；在情形Ⅲ中，序列延长并不能改善校正效果，由于误识了持续性结构，序列越长反而会加剧结构误识的影响，导致校正过度或不足。通过对比以上两种情形可知，在进行趋势检验前，对持续性结构的有效识别是首要任务。在以往对其他变异诊断方法的研究中，也发现过类似情形（Hamed，2009；Serinaldi 和 Kilsby，2016）。

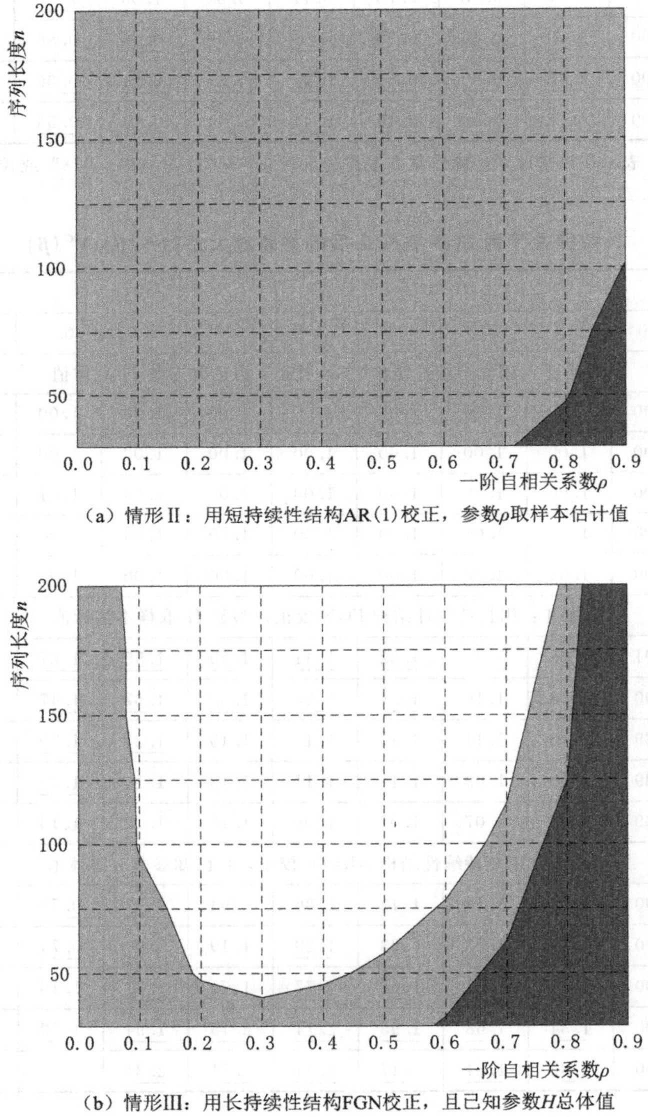

图 4.5　Sen 统计量方差的有效校正区［短持续性序列 AR（1）］

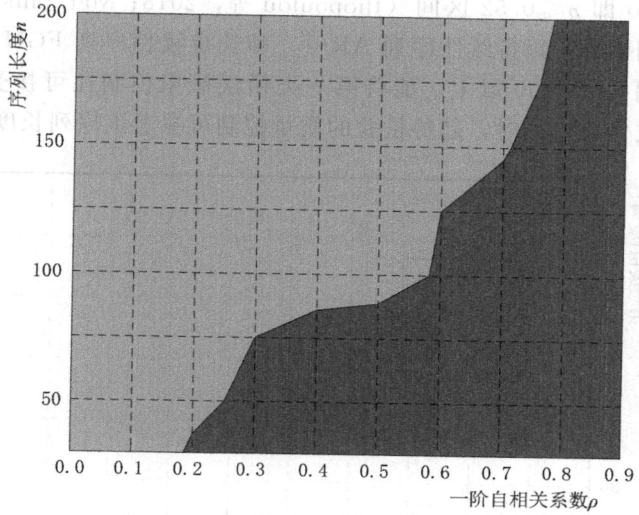

（a）情形Ⅱ：用长持续性结构FGN校正，参数H取样本估计值

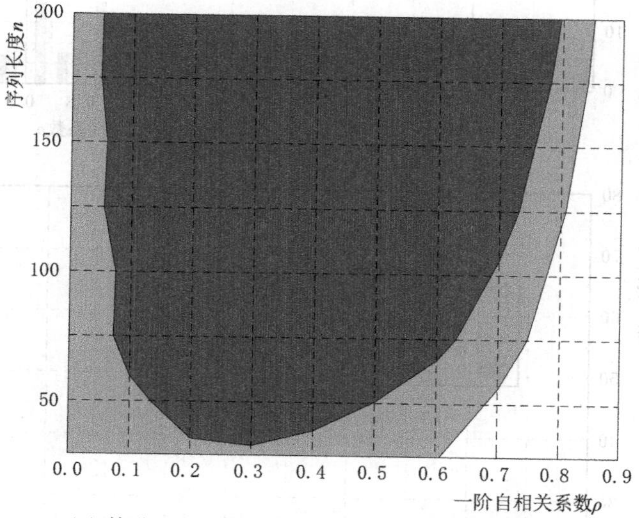

（b）情形Ⅲ：用短持续性结构AR(1)校正，且已知参数ρ总体值

图 4.6 Sen 统计量方差的有效校正区（长持续性序列 FGN）

图 4.7 给出了在准确识别持续性结构的情形下，VC - Sen 方法犯第一类错误的概率。与标准 Sen 方法相比（图 4.3），第一类错误概率明显恢复到可接受域附近。以 $n=100$ 为例，对短持续性序列 AR(1) 检验出错的概率从 5%～66%降至 5.2%～6.7%，对长持续性序列 FGN 检验出错的概率从 5%～61%降至 3.3%～9.3%。考虑到全球年降雨和径流序列的持续性强度主要分

布在 $H \leqslant 0.80$ 即 $\rho \leqslant 0.52$ 区间（Iliopoulou 等，2018；Markonis 等，2018），如果以此区间为界，短持续性序列 AR(1) 和长持续性序列 FGN 的长度大约分别需要达到 50 和 100 以上，能将第一类错误概率控制在可接受范围之内。分析实际水文气象序列时，趋势检验的质量控制可参考该序列长度的要求。

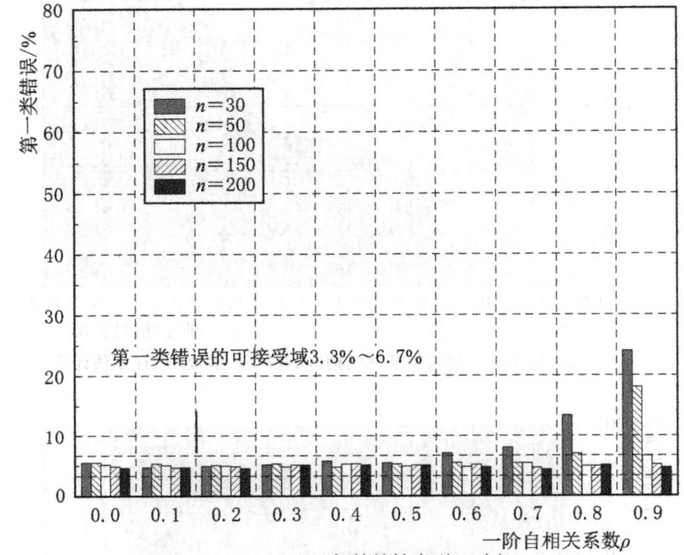

(a) 短持续性序列AR(1)

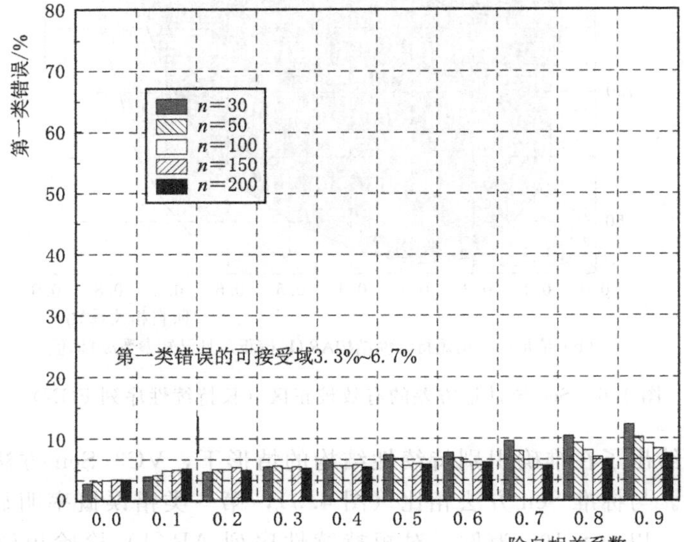

(b) 长持续性序列FGN

图 4.7 VC - Sen 方法犯第一类错误的概率变化情况（情形Ⅱ）

4.3.3 对检验能力的处理效果

在准确识别持续性结构的情形下，VC - Sen 方法的检验能力随持续性强度（以一阶自相关系数 ρ 描述）、趋势强度（以无量纲趋势 β/σ_A 描述）的变化情况如图 4.8 所示。这里仅给出了序列长度为 100 的 VC - Sen 方法检验能力的分布形状，其他序列长度下 VC - Sen 方法检验能力的分布形状类似。

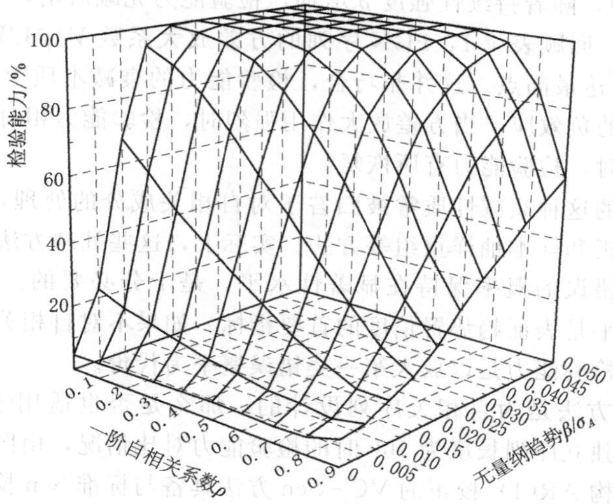

（a）短持续性序列AR（1）

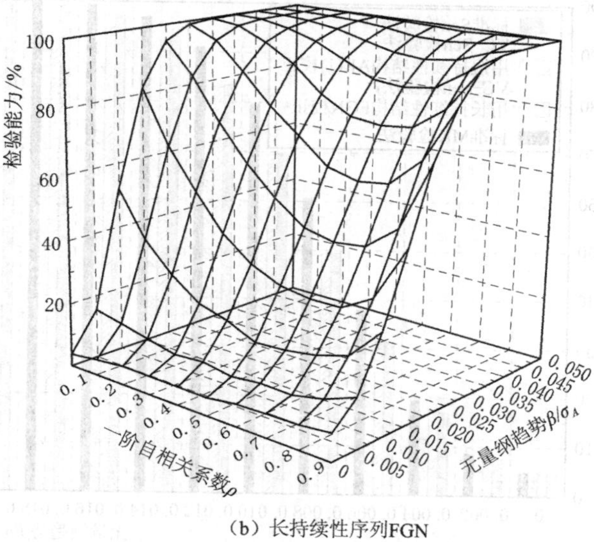

（b）长持续性序列FGN

图 4.8 VC - Sen 方法的趋势检验能力（情形 Ⅱ）

可以看出，不论持续性强度如何变化，检验能力始终与趋势强度成正向关系。很显然，水文气象过程的内在自然变率 σ_A 越小，外力附加的趋势 β 越强，就容易被检出。反之，水文气象过程内在的随机变化越强烈，准确识别外力就越不容易。持续性强度也是水文气象过程随机变化强度的一项重要表征，因此，一般而言，检验能力与持续性成反向关系。仔细观察统计试验结果，检验能力的确与短持续性序列 AR(1) 的持续性强度 ρ 成反比。但是在长持续性序列 FGN 试验中，随着持续性强度 ρ 增加，检验能力先减后增，大约在 $\rho=0.7$ 处抵达最低点。回顾表 4.1，FGN 序列的方差放大系数 $V(\beta)/V^0(\beta)$ 也恰好在 $\rho=0.7$ 处抵达最高点。这并非巧合，检验能力的衰减本质上是持续性作用于统计量方差的负效应。当方差放大作用强烈时，检验能力相对较弱。当方差放大作用减弱时，检验能力有所恢复。

检验能力的这种衰减性质常被归咎于对自相关成分的处理，包括预置白、统计量方差校正和样本抽样重组等方法。实际上，这些处理方法对于控制趋势检验犯第一类错误的概率保持在显著性水平，是十分必要的。对于决策者而言，显著性水平是表征趋势置信度的首要指标。如果不对自相关成分进行任何处理，虚高的检验能力是以放大第一类错误概率为代价。

VC－Sen 方法是为自相关序列设计的，那么是否也适用于独立序列呢？图 4.9 给出了独立序列长度为 100 时的检验能力对比情况，由图 4.9 可见，基于短持续性结构 AR(1) 校正的 VC－Sen 方法具备与标准 Sen 检验法相近的检验能力。但基于长持续性结构 FGN 校正的 VC－Sen 方法检验能力略低，这主

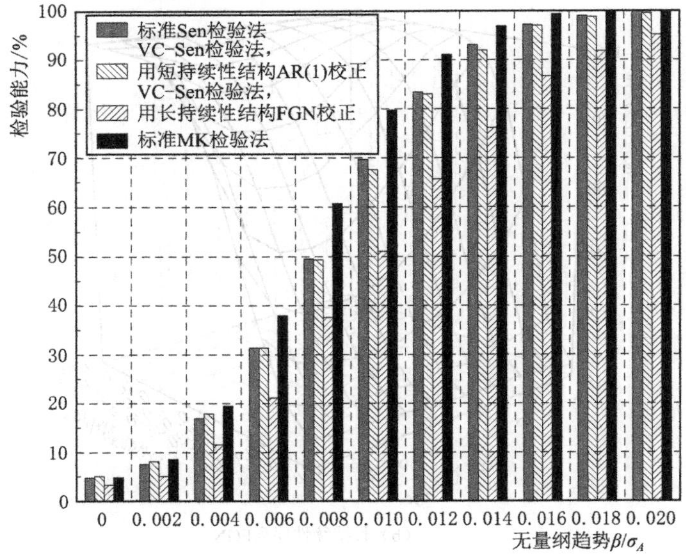

图 4.9　VC－Sen 方法与标准 Sen 方法和标准 MK 方法的检验能力对比

要是受到长持续性特征参数 Hurst 系数的样本估计误差影响。在实际运用中，独立序列的自相关结构和持续性特征事先都是未知的，如果不加分析，直接采用 FGN 原型结构校正统计量方差，难免会导致过度校正，降低检验能力。这也解释了为什么在实际操作趋势检验时，必须将“持续性结构特征识别”作为首要步骤的原因。对独立序列做自相关图分析，将独立序列视为 AR(1) 结构，并不会显著降低检验能力。

图 4.9 还表明，分析独立序列，Sen 法的检验能力略低于 MK 法。最近的一些研究成果认为，Sen 法能检出大量被 MK 忽略的趋势（Li 等，2018；Zhou 等，2018）。从本次统计试验结果来看，这种认识值得商榷。已有研究都误用了公式（4.3）计算标准 Sen 法的统计量方差，高估了趋势显著性。正确的做法是用偏差校正后的公式（4.4）重新计算统计量方差，趋势诊断结果应当与 MK 法基本一致。

4.4 实例分析

本节讨论如何将 VC－Sen 方法用于实际水文气象序列的趋势分析工作。实例分析对象为我国面平均的年降雨日数、云层覆盖率和霜冻日数序列。3 个序列分别具有独立、短持续性和长持续性特征。该面平均数据源于东英格兰大学气候研究中心（Climate Research）发布的 CRU CY 4.01 数据集（1901—2016 年）。图 4.10 分别给出了 3 个序列的时间序列图［图 4.10（一）］、Sen 趋势分析图［图 4.10（二）］和自相关分析图［图 4.10（三）］。从整个时间序列来看，近百年来，我国年降雨日数和云层覆盖率增加，年霜冻日数减少。Sen 趋势分析图进一步展示了序列内部的各级趋势变化情况。对于年降雨日数，高值区的上升趋势大于低值区，说明降雨日数较多的年份增长趋势更快。年云层覆盖率的变化情况类似，特别之处在于，云层覆盖率最低的年份不增反而降低。年霜冻日数减小最快的区域位于低值区，说明霜冻日数越少的年份降速更明显。

在自相关分析图中，一阶自相关系数的样本值直接从各时间聚集尺度序列中估计。为了保证较好的样本估计精度，最大时间聚集尺度控制在总序列长度的 1/10，使得样本长度不低于 10。一阶自相关系数的理论值根据 FGN 和 AR(1) 模型的自相关函数式（4.5）和式（4.7）计算，持续性特征参数 H 和 ρ 从原序列中估计。如图 4.10（三）所示，年降雨日数的自相关系数先聚集在 0 值附近，随后降低为负值，与时间尺度关系不大，可视作独立或 AR(1) 序列。年云层覆盖率的自相关系数在时间聚集尺度小于 6 时能稳定在常数附近，随后快速衰减至 0 值，推断其隶属于 AR(1) 序列。年霜冻日数的长持续性特征

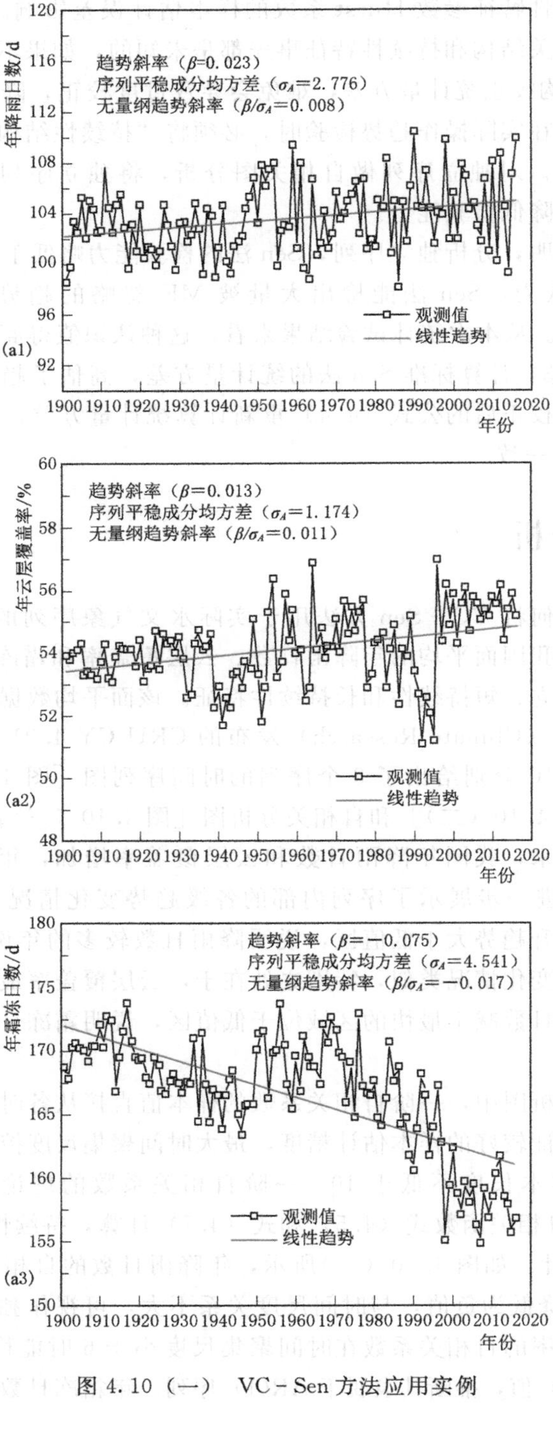

图 4.10（一）　VC－Sen 方法应用实例

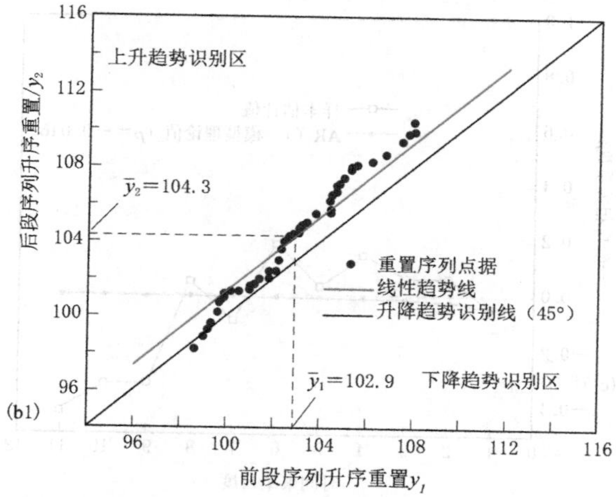

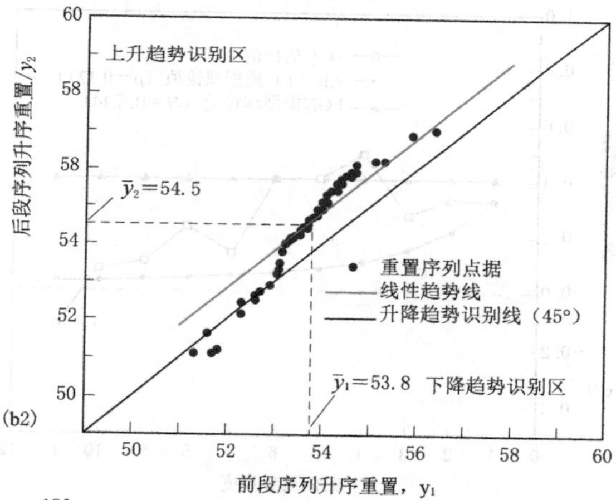

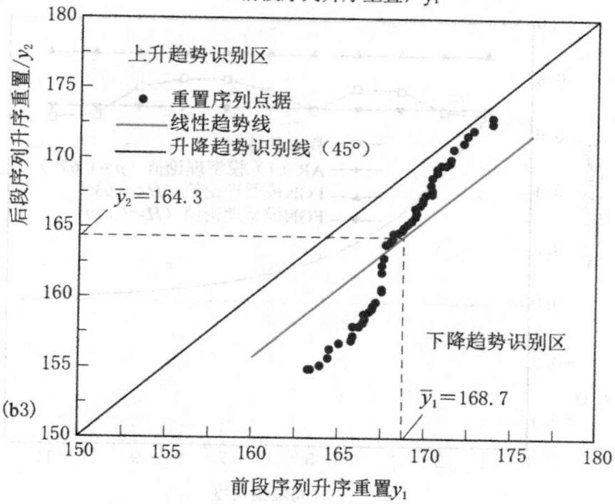

图 4.10（二） VC - Sen 方法应用实例

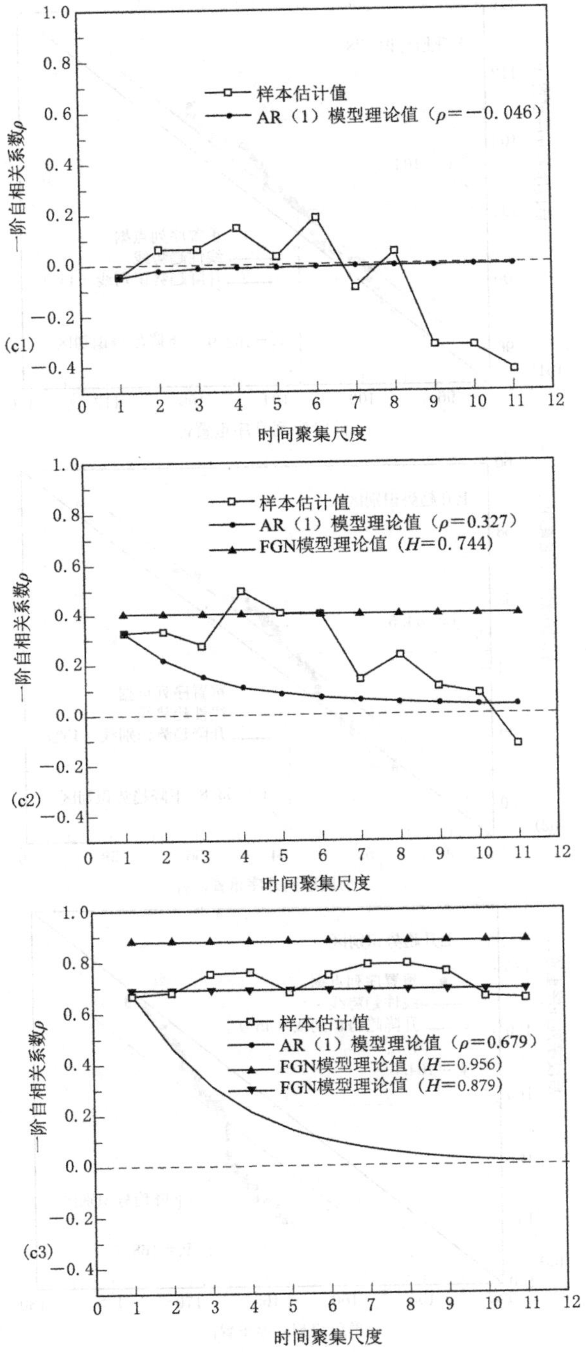

图 4.10（三）　VC - Sen 方法应用实例

很明显，自相关系数始终稳定在恒定水平，因此可将其隶属于 FGN 序列。

实例序列的趋势诊断结果列于表 4.4，包括序列的基本统计参数、识别出的持续性结构和参数、校正前后的统计量方差以及校正前后的检验统计量。对于年霜冻日数序列，为了排除 Hurst 系数 H 可能被高估的质疑，从原序列和去趋势序列中分别估计 H，以更全面地掌握趋势显著性的真实情况。

年降雨日数是独立序列，校正与否对检验结果影响甚微，标准 Sen 和 VC - Sen 方法都指示，近百年来，我国的年降雨日数已显著增加。年云层覆盖率是短持续性 AR(1) 序列，校正后增加趋势的置信度从 99%降至 95%。年霜冻日数更接近长持续性 FGN 序列，不论采用 Hurst 系数的高值还是低值校正，其减少趋势的置信度都明显下降。

上述分析结果表明，采用 VC - Sen 方法能更加谨慎地判断趋势显著性，避免过度地将水文气象过程的随机变化解释为确定性趋势。以往我们对水文气象序列的分析工作常常忽略对自相关性影响的考量，这其实是将水文气象过程的复杂变化简化为纯随机成分和趋势成分处理，忽视了水文气象过程在多重时间聚集尺度复杂的随机波动规律。在水利工程设计、水文预报等实际工作中，误将随机成分当成确定性趋势成分处理，是低估了系统不确定性和水文气象过程随机波动的风险，降低了工作成果的可靠度。

应当说明，考虑自相关性特别是长持续性特征的影响后，趋势置信度下降只是表明该序列并未发生显著的确定性变化，并不意味着该序列的变化幅度小。相反，自相关性越强指示该水文气象过程的内在随机波动越强烈，对未来状态的预测难度更大，更值得探究其变化规律和物理成因。

表 4.4　　VC - Sen 方法和标准 Sen 方法的实例趋势诊断结果

气象要素	基本统计参数		持续性特征		统计量方差		检验统计量	
	均值 μ	斜率 β/σ_A	模型	参数	校正前 $V^0(\beta)$	校正后 $V^C(\beta)$	校正前 Z_β	校正后 $Z_{\beta C}$
年降雨日数	103d	0.008	AR(1)	$\rho=-0.046$	7.9e−5	7.2e−5	2.62^{++}	2.74^{++}
年云层覆盖率	54.1%	0.011	AR(1)	$\rho=0.327$	1.4e−5	2.7e−5	3.52^{++}	2.53^{+}
年霜冻日数	166d	−0.017	FGN	$H=0.956$ (0.879)	0.2e−3	0.2e−2(0.9e−3)	-5.18^{++}	−1.85 (-2.55^{+})

注　“+”表示 5%显著性水平下（$|Z|>1.96$）检出显著趋势，“++”表示 1%显著性水平下（$|Z|>2.576$）检出显著趋势，“（ ）”表示该参数、统计量方差和检验统计量均从去趋势序列中估计。

4.5　小结

本章从统计量方差校正的途径，将新近提出的 Sen 趋势检验方法的适用范围拓展到自相关序列。新导出的两个统计量方差分别适用于水文气象要素中常见的两种持续性结构：长持续性结构的 FGN 模型和短持续性结构的 AR(1) 模型。新的统计量方差并未明显增加计算负担，仅比原方差多引入了一项参数：长持续性特征参数 Hurst 系数或短持续性特征参数一阶自相关系数。本次研究还修正了原统计量方差的推导错误。

统计试验的分析结果表明，基于统计量方差校正的 VC－Sen 检验方法，有效削减了自相关性对趋势误判的影响，第一类错误概率恢复到显著性水平的可接受范围。但也应注意到，持续性结构特征的准确识别是 VC－Sen 方法成功运用的重要前提。利用两类持续性结构中自相关函数随时间聚集尺度的变化规律，可以有效区分实测水文气象序列的持续性结构。

Sen 方法的趋势检验性能与传统 MK 方法基本相当，其优势在于能利用趋势分析图更详细地显现序列内部的分级趋势，有助于掌握极端事件的变化情势。

第5章 近百年长江上游气候要素的时空趋势特征

近年来，对长江上游控制站宜昌径流资料的持续研究表明，自观测记录以来该站年平均径流量显著下降，降幅6%～9%（Xiong和Guo，2004；Yang等，2010）。分析长江上游气温、降水和蒸散发等气候要素的长期变化趋势，是定量解释径流下降成因，预估未来径流变化等重要工作的基础。

一方面，趋势检验结果对分析时段的选择较为敏感。为了避免分析时段的不同，导致趋势判断出现矛盾，有必要采用长序列的数据资料，以提高趋势分析结论的可靠性。因此，本章继续采用东英格兰大学气候研究中心（Climate Research Unit）发布的CRU TS3.22月值数据集，时间范围延展至1901—2011年。已有研究表明，CRU数据集表现出与我国地面观测资料比较一致的降水、气温的年际变化及空间分布，可用于刻画我国气候要素的长期变化过程（闻新宇等，2006；张宏芳等，2015）。

另一方面，区域统计量是分析流域尺度气候要素趋势变化特征的重要手段，但在我国应用较少。本章通过构建能够同时考虑自、互相关性影响的区域Spearman秩次相关检验统计量，结合CRU数据集，分析近100多年（1901—2011年）长江上游各子流域的年降水量、年平均气温和潜在蒸散发量的长期气候变化趋势，以期丰富对上游地区气候变化特征的认识，为进一步研究水资源量的响应、制定相应的水资源管理方案提供科学依据。

5.1 长江上游的基本气候特征

5.1.1 长江上游概况

长江是中国第一大河，干流全长6300km，流域面积180万km^2，占全国总面积的18.8%；多年平均径流量约9600亿m^3，占全国年径流量的36%，居世界第三位。长江流域水资源总量丰富，每平方公里水资源量约54万m^3，为全国平均值的1.9倍。然而流域内人口众多，人均占有水量仅略高于全国平均值，约为世界人均占有水量的四分之一，流域供水安全对水资源情势及气候特征的变化较为敏感（长江水利委员会长江勘测规划设计研究院，2003）。

长江上游介于 90°～112°E、24°～36°N 之间，长约 4500km，约占长江总长度的 71%，流域面积约为 100 万 km^2，占整个长江流域面积的 56%。在长江流域面积超过 10 万 km^2 的支流中（雅砻江、岷江、嘉陵江、汉江），有三条位于上游地区，其中面积最大的是嘉陵江（16 万 km^2）。根据水系分布特征，可将长江上游划分为金沙江区（含雅砻江）和川江区，后者又可细分为岷沱江区、嘉陵江区、乌江区和上游干流区。

根据 1960—2011 年的气象观测资料统计，长江上游年平均降水量约为 820mm，约 50%形成径流，流域平均干燥指数（潜在蒸散发量与降水量的比值）约为 1.35，属于半湿润地区（郑景云等，2010）。长江上游地跨青南川西高原、横断山地、川滇山地、四川盆地等，海拔差异大，气候分界明显。上游地区的气候区划分属高原气候区、北亚热带和中亚热带三大气候带。江源地区气温低，全年皆冬、降水少、日照多；金沙江地区干湿季分明；云贵高原区有“一山有四季，十里不同天”的立体气候特征；四川盆地气候温和、湿润多雨（长江水利委员会长江勘测规划设计研究院，2004）。长江上游同时受到西南低涡、副热带高压、青藏高原低槽等多重天气系统的影响，对全球气候变化的响应可能存在明显的地区差异。

在利用长序列 CRU 数据分析长江上游的气候变化趋势之前，有必要根据气象站的实测资料了解该地区气温、降水、蒸散发等基本气候要素的变化特征。本章采用的实测气象数据包括：1960—2011 年间的逐月降水、平均气温、最高气温、最低气温、平均风速、日照时数、平均相对湿度和平均气压。资料来源于中国地面气候资料月值数据集（http://cdc.cma.gov.cn），研究区共涉及 75 个基本地面气象观测站，具体位置见图 5.1。逐月潜在蒸散发量使用联合国粮农组织（FAO）推荐的 Penman - Monteith（PM）公式计算（Wang

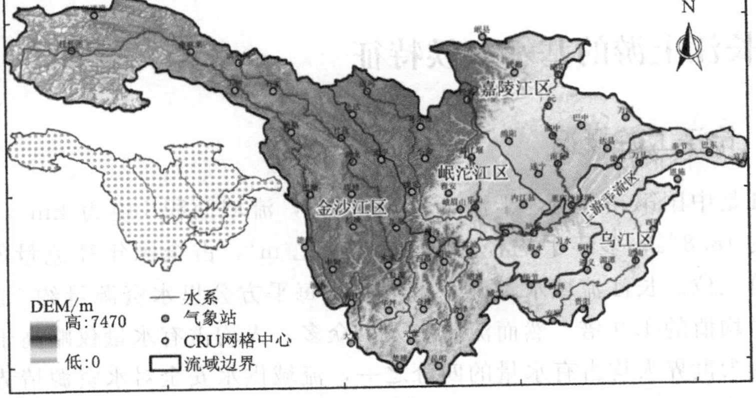

图 5.1　长江上游子流域分区及气象测站分布

等，2007）。气象观测站除在江源地区偏少外，在上游大部分区域的空间分布比较均匀，能较好地反映各气象要素的空间分布特征，其面平均序列也能基本反映各气象要素在流域尺度的年际变化趋势。

5.1.2 年降水量

空间分布特征方面，长江上游年平均降水量由西北向东南递增［图5.2（a）］。长江源头地区降水量较小，仅为240mm左右，流域东南部四川盆地、长江干流等地区，降水量较大，其中，四川盆地西部的部分地区降水量超

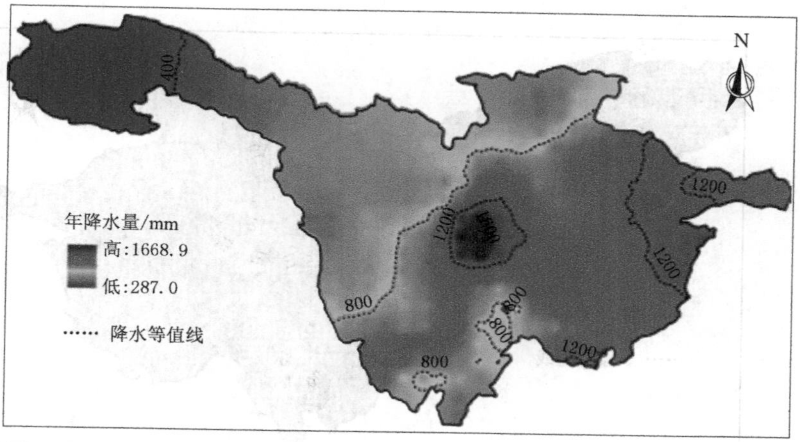

（a）空间分布图

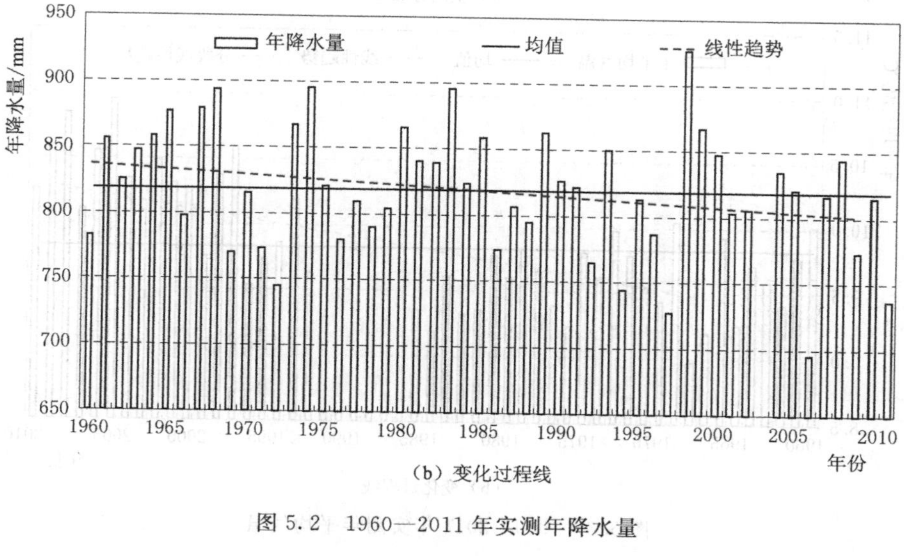

（b）变化过程线

图5.2 1960—2011年实测年降水量

过1600mm。时间变化特征方面［图5.2（b）］，利用泰森多边形面积加权法算得的长江上游面平均降水量的多年均值约为820mm。年降水量总体呈缓慢下降趋势，下降的线性速率为7.6mm/10a。

5.1.3 年平均气温

如图5.3（a）所示，长江上游年平均气温的空间分布与地形相关，气温总体由西北向东南递增。长江源头年平均气温最低，大部分区域在0℃以下，进入四川盆地以及横断山区南部的云南省部分地区，年平均气温增加到15℃以上。云南省元谋站年平均气温达到21℃，为全流域最高。在时间变化特征

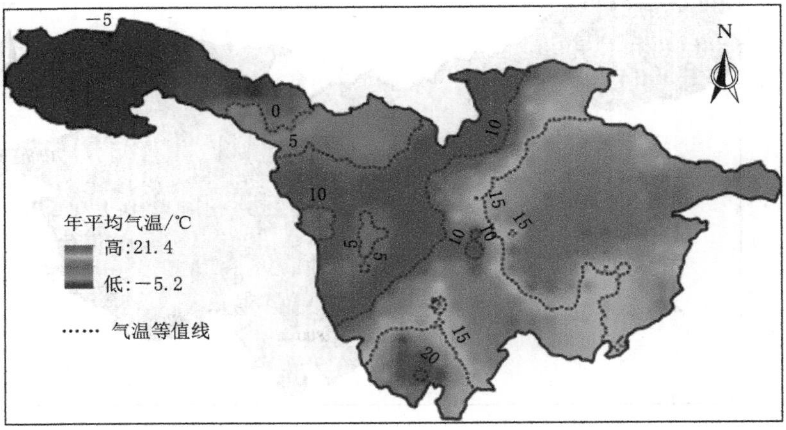

（a）空间分布图

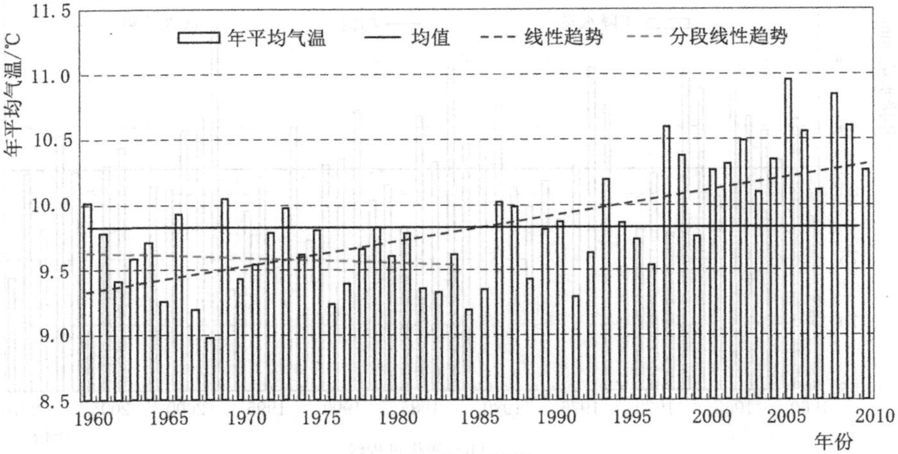

（b）变化过程线

图5.3 1960—2011年实测年平均气温

方面［图 5.3（b）］，气温的多年均值为 9.83℃。气温总体呈现出明显的增温特征，平均增温速率达到 0.2℃/10a。此外，增温主要发生在 1985 年之后（1985—2011 年），平均增温速率达到 0.45℃/10a，而在 1960—1984 年，增温速率仅为 0.04℃/10a。

5.1.4 潜在蒸散发量

潜在蒸散发量是水分充分供应条件下的蒸散发量，与气温、风速、辐射等气候条件密切相关。长江上游年平均潜在蒸散发量的空间分布特征有别于气温和降水量，如图 5.4（a）所示。在源头地区，由于海拔较高、气温较低、年内结冰期相对较长、辐射能量较低，年潜在蒸散发量相对较小，约为 1000mm

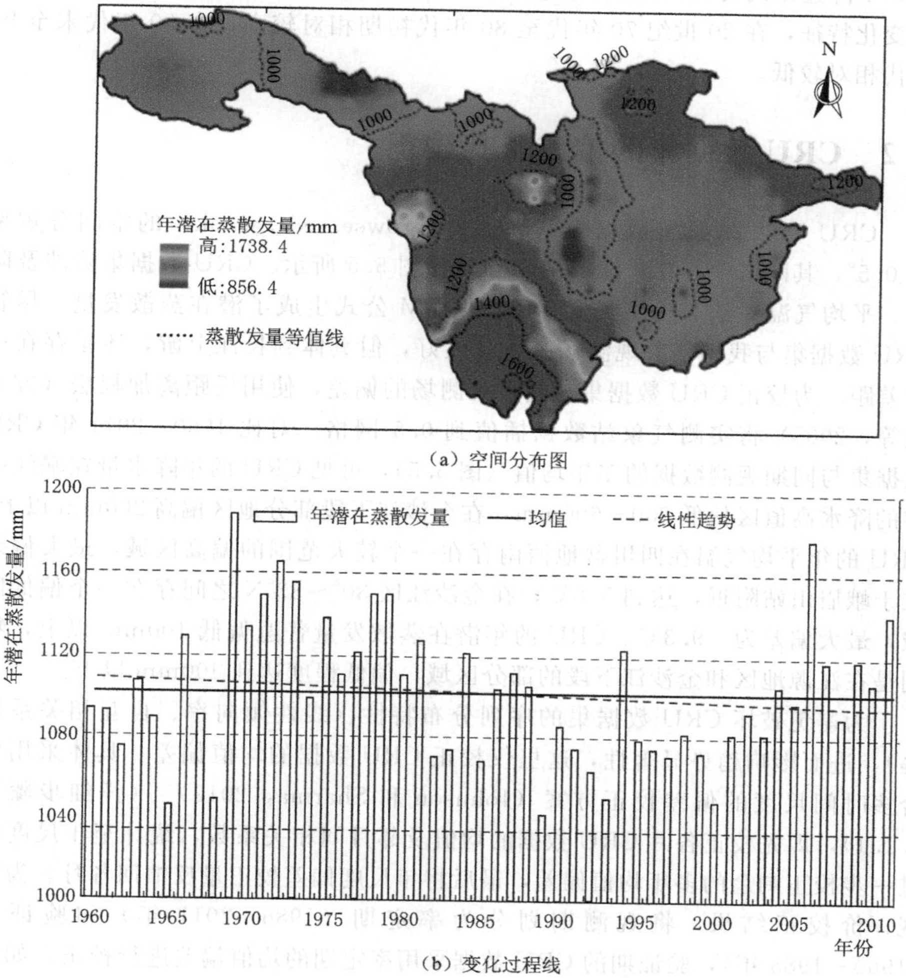

（b）变化过程线

图 5.4 1960—2011 年实测年潜在蒸散发量

左右，部分地区仅为 850mm。在金沙江中下游及横断山区北部，蒸散发量缓慢增加，但这里海拔高度仍然高于 2400m，气温较低，能量供应仍相对有限，该地区年蒸散发量普遍在 1000～1200mm 之间，仅有部分站点高于 1200mm。在横断山区南部，由于气温高，日照时间长，辐射能量较大，潜在蒸散发量有所增加，这一地区年潜在蒸散发量高于 1400mm，个别站点甚至高于 1600mm。向下游进入乌江流域及四川盆地，海拔高度迅速降低，尽管气温有所增加，但由于该地区多阴雨，日照时间短，辐射量供应有限，年潜在蒸散发量又有所降低，在四川盆地附近，潜在蒸散发量仅有 900mm。

1960—2011 年期间，多年平均潜在蒸散发量为 1100mm，呈缓慢减小趋势，下降速率约为 2.8mm/10a [图 5.4 (b)]。年潜在蒸散发量还表现出年代际变化特征，在 20 世纪 70 年代至 80 年代初期相对较高，在 80 年代末至 90 年代相对较低。

5.2　CRU 数据集的偏差及其校正

CRU TS3.22 月值数据集（http://browse.ceda.ac.uk）的空间分辨率为 0.5°，其网格中心在长江上游的分布如图 5.5 所示。CRU 数据集除涉及降水、平均气温等基本气候要素，还根据 PM 公式生成了潜在蒸散发量。尽管 CRU 数据集与我国气象观测场一致性较好，但具体到长江上游，还是存在一定差距。为校正 CRU 数据集与实际观测场的偏差，使用反距离加权法（方书敏等，2005）将实测气象站数据插值到 0.5°网格。对比 1960—2011 年 CRU 数据集与同期观测数据的多年均值（图 5.5），可见 CRU 的年降水量在岷江中游的降水高值区偏低 200～600mm，在金沙江下段部分地区偏高 200mm 以上。CRU 的年平均气温在四川盆地西南存在一个较大范围的偏高区域，最大偏差位于峨眉山站附近，达到 5.8℃；在金沙江区 30°～33°N 之间存在一个偏低区域，最大偏差为－9.3℃。CRU 的年潜在蒸散发量普遍偏低 100mm 以上，特别是在江源地区和金沙江下段的部分区域，偏低程度达到 400mm 以上。

为避免破坏 CRU 数据集的序列分布特性（线性倾向率、自互相关系数等），进而影响趋势显著性，这里仅校正 CRU 数据的均值偏差。具体采用融合多时间尺度的偏差校正方案（Johnson 和 Sharma，2012）（详细步骤见 7.1.1），即先校正各月 CRU 数据的均值及邻月间相关系数，统计至年尺度后进一步校正剩余的多年均值偏差，最后将年尺度偏差校正量反馈回各月。为客观评价校正结果，将观测期划分为率定期（1986—2011 年）和验证期（1960—1985 年），验证期的 CRU 数据采用率定期的均值偏差进行校正。如表 5.1 所示，在验证期校正后的 CRU 数据与观测数据十分接近。对各气候要素

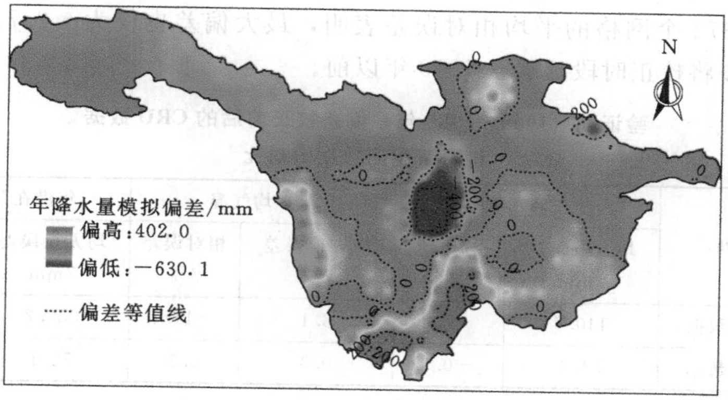

(a) 年降水量

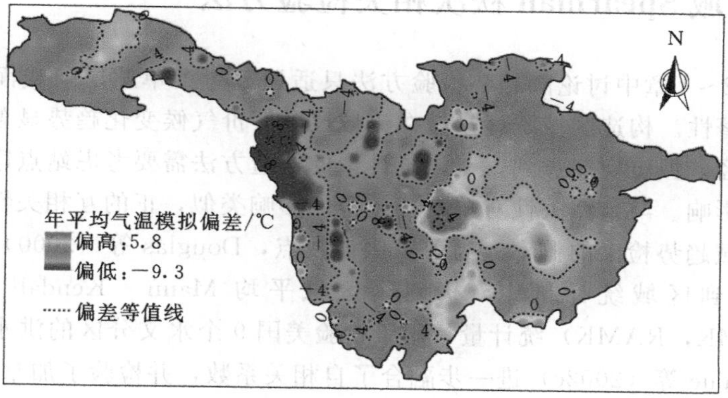

(b) 年平均气温

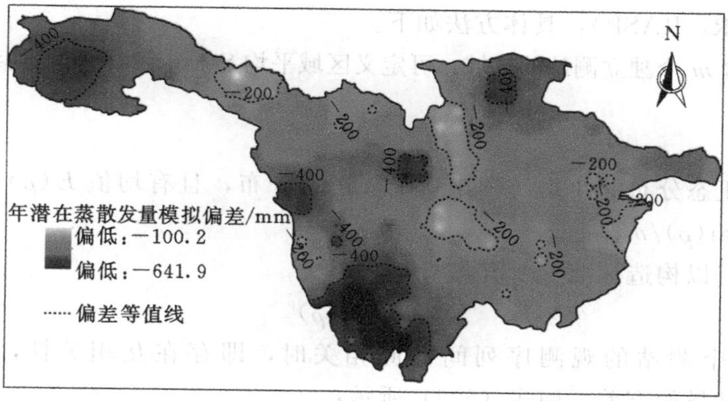

(c) 年潜在蒸散发量

图 5.5　CRU 数据集与同期观测数据 1960—2011 年多年均值的偏差分布图

分别统计 372 个网格的平均相对误差表明，最大偏差也仅为－2.7%。因此，可以进一步将校正时段延展至 1960 年以前。

表 5.1　验证期（1960—1985 年）偏差校正前后的 CRU 数据与同期观测数据的对比

分析序列	年降水量		年平均气温		年潜在蒸散发量	
	均方根误差/mm	相对误差/%	均方根误差/℃	相对误差/%	均方根误差/mm	相对误差/%
原始 CRU 数据	140.7	−7.2	3.1	−11.1	330.2	−27.9
校正 CRU 数据	34.6	−0.5	0.3	0.7	52.1	−2.7

5.3　区域 Spearman 秩次相关检验方法

在第 2～4 章中讨论的趋势检验方法只适用于考察单站序列或面平均序列的趋势显著性。构造区域统计量是在流域尺度评价气候变化趋势显著性的另一种有效途径，但也应注意到，区域统计量的构造方法需要考虑站点序列间的互相关性的影响。与自相关性对单站统计量的影响类似，正的互相关性也会错误地增加区域趋势检出的概率。为了克服该缺点，Douglas 等（2000）将互相关系数融合到区域统计量中，构建了区域平均 Mann－Kendall（Regional Average MK，RAMK）统计量，用于检验美国 9 个水文分区的洪水和枯水变化趋势。Yue 等（2002c）进一步融合了自相关系数，并检验了加拿大 10 个气候分区的年径流变化趋势。这里我们借鉴 RAMK 统计量的设计思路，构建同时考虑自、互相关性影响的区域 Spearman 秩次相关检验统计量（Regional Average SR，RASR），具体方法如下。

对包含 m 个独立测站的区域，可定义区域平均 Spearman 秩次相关系数为

$$\overline{\rho}=\sum_{k=1}^{m}\rho_k/m \tag{5.1}$$

根据正态分布的性质，可知 $\overline{\rho}$ 服从正态分布，且有均值 $E(\overline{\rho})=0$，方差 $\mathrm{var}(\overline{\rho})=\mathrm{var}(\rho)/m$。

从而可以构造标准 RASR 统计量为

$$\overline{Z}=\overline{\rho}/\mathrm{var}(\overline{\rho})^{0.5} \tag{5.2}$$

当 m 个测站的观测序列间彼此相关时，即存在互相关性，需要校正 RASR 统计量的方差，如式（5.3）所示：

$$\mathrm{var}^{C}(\overline{\rho})=\frac{m}{m^{*}}\mathrm{var}(\overline{\rho})=\eta^{C}\mathrm{var}(\overline{\rho}) \tag{5.3}$$

式中：η^C 为由互相关性引起的方差校正系数；m^* 为有效站点容量。Douglas

等（2000）推导出 η^C 的计算公式为

$$\eta^C = 1 + \frac{2}{m}\sum_{k=1}^{m-1}\sum_{l=1}^{m-k} r^C(k, k+l) \tag{5.4}$$

其中，$r^C(k,\ k+l)$ 为站点 k 与站点 l 的观测序列之间的互相关系数。互相关系数 $r^C(k,\ k+l)$ 对 RASR 统计量方差的影响可根据有效站点容量 m^* 的变化来理解。互相关性越显著，$r^C(k,\ k+l)$ 取值越大，m^* 越小，对统计量方差提供有效贡献的独立站点数目也就越少。

因此，可构造考虑站点序列间互相关性影响的 RASR 统计量为

$$\overline{Z}^C = \overline{Z}/\sqrt{\eta^C} \tag{5.5}$$

当单站序列表现为自相关时，Yue 等（2002c）进一步修正方差校正系数为

$$\eta^{SC} = \frac{1}{m}\sum_{k=1}^{m}\eta_k^S + \frac{2}{m}\sum_{k=1}^{m-1}\sum_{l=1}^{m-k} r^C(k, k+l)\sqrt{\eta_k^S\eta_{k+l}^S} \tag{5.6}$$

其中，η_k^S 为在站点 k 由自相关性引起的方差校正系数，可由式（5.7）计算。不难发现，η_k^S 的计算就是采用了第 2 章中 VC - SR 计算有效样本容量的经验公式。

$$\eta_k^S = \frac{n_k}{n_k^*} = 1 + \frac{2}{n_k^2(n_k-1)(n_k-2)}\cdot\sum_{i=1}^{n_k-1}(n_k-i)(n_k-i-1)(n_k-i-2)r_s(i) \tag{5.7}$$

相应地，RASR 统计量可修正为

$$\overline{Z}^{SC} = \overline{Z}/\sqrt{\eta^{SC}} \tag{5.8}$$

该统计量适用于同时考虑自、互相关性影响的区域趋势检验。

5.4 区域趋势检验结果

5.4.1 单站气候变化趋势分析

开展单站趋势分析前，先分别计算 372 个网格数据中年降水量、年平均气温和年潜在蒸散发量的原始自相关系数和去趋势自相关系数，并绘制经验累积频率曲线，考察各气候要素的自相关特性。如图 5.6（a）所示，年降水量的自相关显著性站点最少，仅有不足 8%的站点呈现显著的正自相关性。年平均气温［图 5.6（b）］与年潜在蒸散发量［图 5.6（c）］均表现出非常明显的正自相关性，即几乎所有站点的原始一阶自相关系数和去趋势前两阶自相关系数都超过了显著性检验的容许上限。年潜在蒸散发量的去趋势前两阶自相关系数的面平均值分别为 0.43 与 0.35，年平均气温则分别达到 0.53 与 0.41。另外，趋势成分确实会增大 $r(1)$ 估计值，此结论与 Yue 等（2002b）的统计试验结

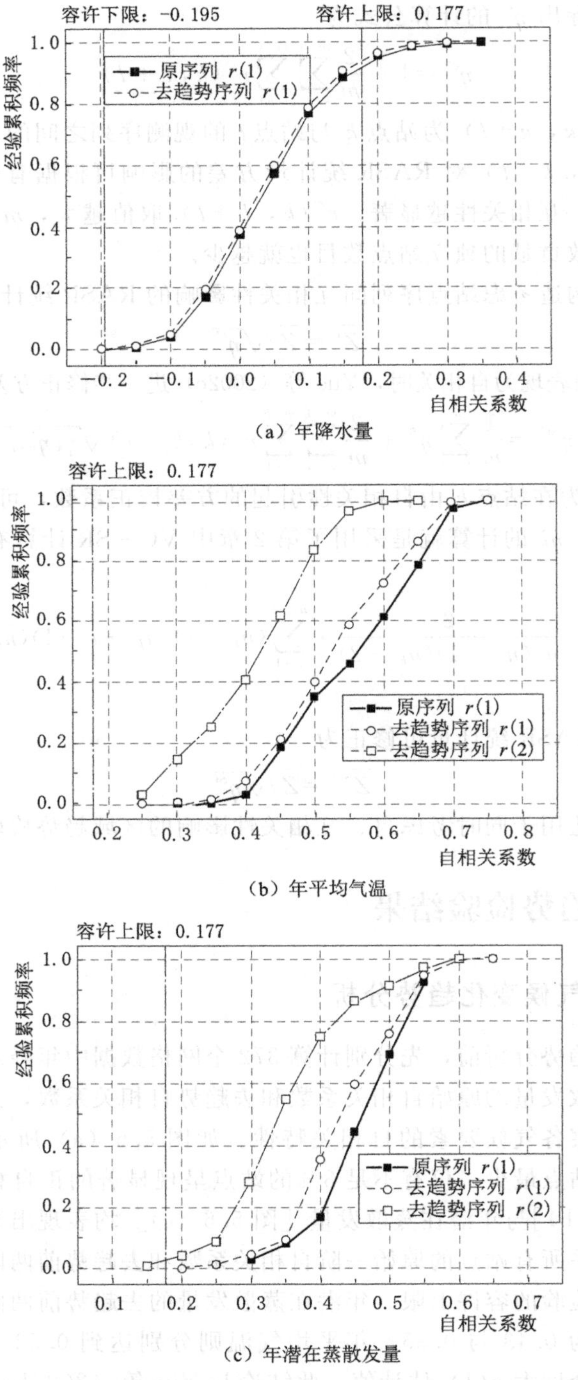

图 5.6　各气候要素的自相关系数经验累积频率分布图

果一致，这正解释了在估计自相关系数之前须先去除线性趋势成分的原因。

单站趋势检验除采用SR和VC－SR方法外，还与预置白PW－SR及去趋势预置白TFPW－SR方法进行对比。PW－SR与TFPW－SR都先将一阶自相关成分从原始序列中剔除后，再利用SR方法对修正序列进行检验。图5.7给出了在5%显著性水平下，上述四种方法检出的具有显著趋势变化的站点比例、线性倾向率呈上升和下降趋势变化的站点比例。

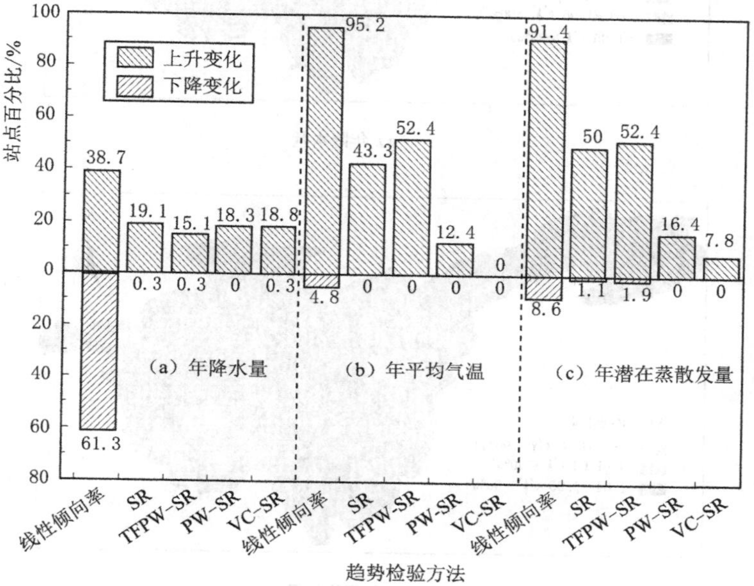

图5.7 各气候要素中呈上升和下降变化的站点比例

就年降水量而言，线性倾向率以下降趋势的站点为主，但呈显著下降变化的站点几乎没有，不同方法检出的呈显著上升趋势变化的站点比例在15.1%～19.1%。就年平均气温而言，大部分站点的线性倾向率呈上升趋势，但受到自相关性的影响，不同趋势检验方法的结果相差很大。其中，TFPW－SR与SR方法接近，检出43.3%～52.4%的站点呈显著上升趋势；VC－SR方法最为严格，认为所有站点的趋势变化均不显著；PW－SR方法介于两者之间。年潜在蒸散发量的情况与年平均气温类似，SR方法检出50%的站点呈显著上升趋势，而VC－SR方法的检出率降至7.8%。

相比于TFPW－SR与PW－SR方法，VC－SR方法没有假设自相关结构的阶数，更适合削减多阶自相关性的影响。由于年平均气温和年潜在蒸散发量的自相关结构都明显超过一阶，采用VC－SR方法进一步考察单站趋势显著性的空间分布特征。如图5.8所示，年降水量在川江流域大部分地区减少；在

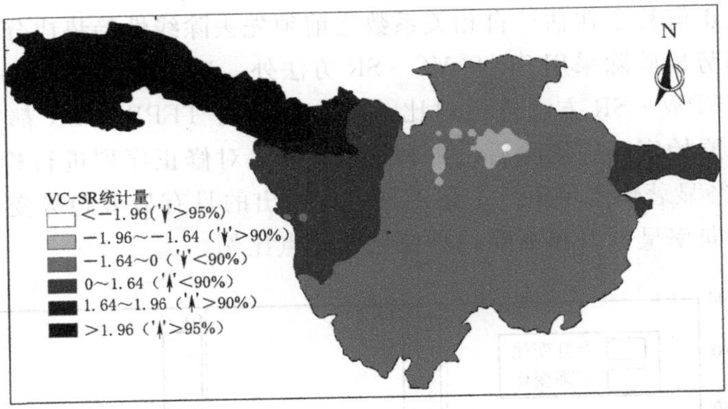

(a) 年降水量

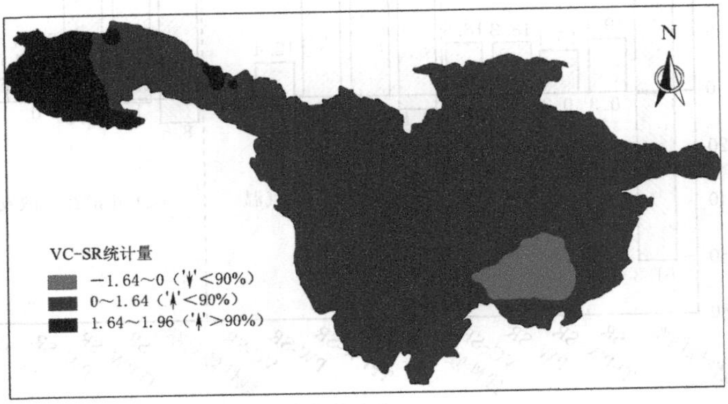

(b) 年平均气温

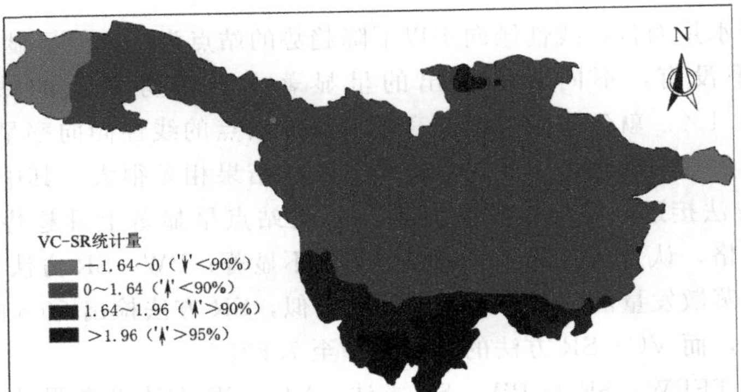

(c) 年潜在蒸散发量

图 5.8　1901—2011 年各气候要素 VC - SR 统计量空间分布图

金沙江区北部增多，显著性由西北向东南递减，约在31°N以北区域通过了置信度为90%的上升趋势检验。年平均气温普遍升高，但仅在95°E以西的部分江源地区显著升温；在四川盆地以南却出现一个略为变冷的区域，这与丁一汇等（1994）发现我国西南地区1951—1990年持续降温的结果基本一致，但其发生原因还有待进一步研究。年潜在蒸散发量也以上升趋势为主，特别是27°N以南区域；在95°E以西和110°E以东略有下降，这可能与太阳净辐射量的减少有关（Wang等，2007）。

5.4.2 各子流域区域气候变化趋势分析

将气象站点的平均气温、降水量及潜在蒸散发量数据进行空间差值，形成372个网格数据。绘制各格点序列间互相关系数的经验累积频率分布图（图5.9），图中曲线越陡，表明该气候要素序列的格点间互相关系数越大，互相关性越强；可见，年平均气温的互相关性最强，其次是年潜在蒸散发量，年降水量最小。分析372个网格数据的互相关系数表明，各气候要素的互相关系数分布的均值依次为0.67、0.53和0.23。

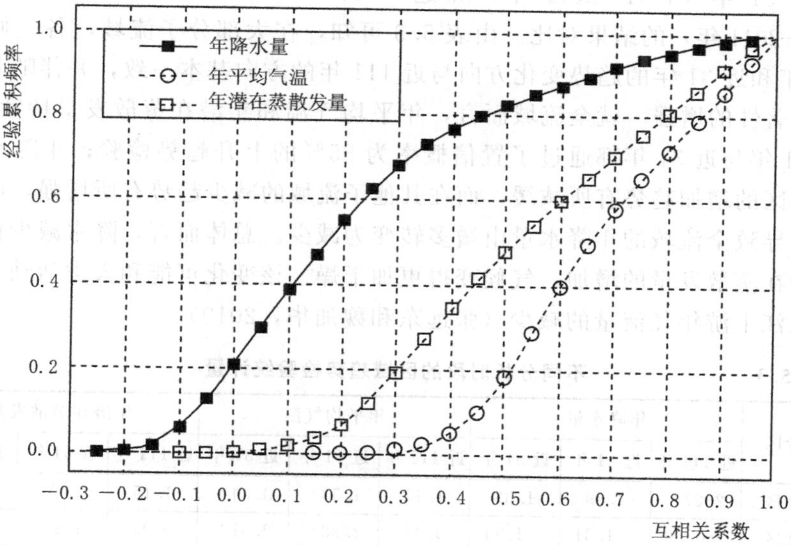

图5.9 各气候要素的格点序列间互相关系数的经验累积频率分布图

考虑正互相关性的影响可以明显降低区域趋势的显著性，如表5.2所示，原始的区域平均统计量 $\overline{Z}$ 指示所有流域分区的各气候要素均发生显著变化。随着逐步引入互相关性和自相关性因素，修正后的区域统计量 $\overline{Z}^{C}$ 与 $\overline{Z}^{SC}$ 明显降低。具体而言，考虑自、互相关性影响后，仅在金沙江区检测出年降水量呈显著上升，川江各子流域降水略有减少，两者互补后全流域降水略有增加。年平均气温和年潜在蒸散发量在各子流域均略有增加，但上升趋势不显著。

表 5.2 各子流域区域趋势检验统计量（1901—2011 年）

流域分区	年降水量			年平均气温			年潜在蒸散发量		
	$\overline{Z}$	$\overline{Z}^{C}$	$\overline{Z}^{SC}$	$\overline{Z}$	$\overline{Z}^{C}$	$\overline{Z}^{SC}$	$\overline{Z}$	$\overline{Z}^{C}$	$\overline{Z}^{SC}$
金沙江区	17.62*	2.29*	2.27*	32.85*	2.89*	1.17	25.20*	2.35*	1.15
岷沱江区	−5.35*	−0.96	−0.90	8.72*	1.24	0.45	15.42*	2.29*	0.95
嘉陵江区	−6.82*	−1.17	−1.16	17.31*	2.09*	0.79	11.29*	1.53	0.77
乌江区	−4.33*	−0.93	−0.93	4.10*	0.83	0.39	14.10*	2.84*	1.68
上游干流区	−2.61*	−0.51	−0.51	6.03*	0.97	0.40	8.63*	1.45	0.79
全流域	5.01*	0.55	0.54	36.43*	2.32*	0.92	35.02*	2.49*	1.22

注 “*”表示区域统计量通过了置信概率为 95%的趋势检验。

5.4.3 分析时段长度对区域趋势检验结果的影响

为更全面地了解各气候要素在不同时期的变化特性，进一步将分析时段划分为近 51 年（1961—2011 年）和近 31 年（1981—2011 年），与近 111 年（1901—2011 年）的结果对比。由表 5.3 可知，在大部分子流域，各气候要素近 51 年和近 31 年的趋势变化方向与近 111 年的方向基本一致，并伴随着趋势变化显著性的增强。就全流域而言，年平均气温和年潜在蒸散发量持续上升，在近 51 年与近 31 年都通过了置信概率为 95%的上升趋势检验；年降水量在金沙江区的增加趋势有所减缓，而在其他子流域的减少趋势有所增强，两种变化互补导致全流域的年降水量由增多转变为减少。总体而言，降水减少伴随升温和潜在蒸散发量的增加，气候变得更加干燥。该变化可能和人类活动一起加剧了长江上游年径流量的减少（张远东和魏加华，2010）。

表 5.3 不同分析时段的区域趋势检验统计量

流域分区	年降水量			年平均气温			年潜在蒸散发量		
	近 111 年	近 51 年	近 31 年	近 111 年	近 51 年	近 31 年	近 111 年	近 51 年	近 31 年
金沙江区	2.27*	1.79	1.33	1.17	4.53*	3.34*	1.15	1.97*	1.60
岷沱江区	−0.90	−1.31	−1.44	0.45	2.38*	2.31*	0.95	1.82	2.68*
嘉陵江区	−1.16	−1.61	−1.59	0.79	2.68*	1.95	0.77	2.10*	1.92
乌江区	−0.93	−1.61	−0.14	0.39	1.12	−0.21	1.68	2.55*	1.40
上游干流区	−0.51	−1.43	−0.53	0.40	2.19*	1.93	0.79	1.68	1.84
全流域	0.54	−0.18	−0.11	0.92	3.64*	2.82*	1.22	2.47*	2.38*

注 “*”表示区域统计量通过了置信概率为 95%的趋势检验。

图 5.10 给出了各气候要素全流域面平均值的距平过程及拟合的线性趋势。

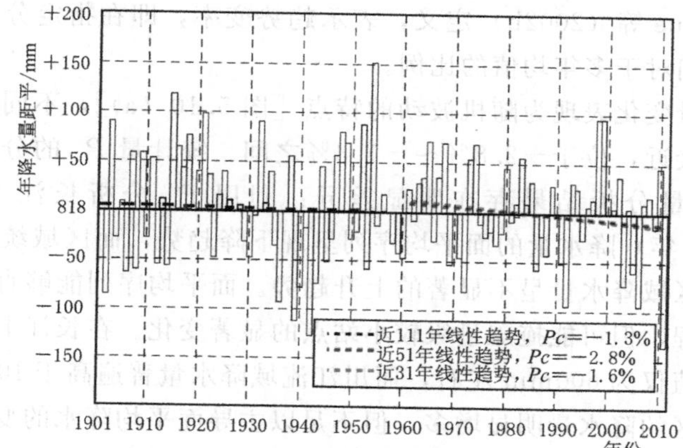

（a）年降水量

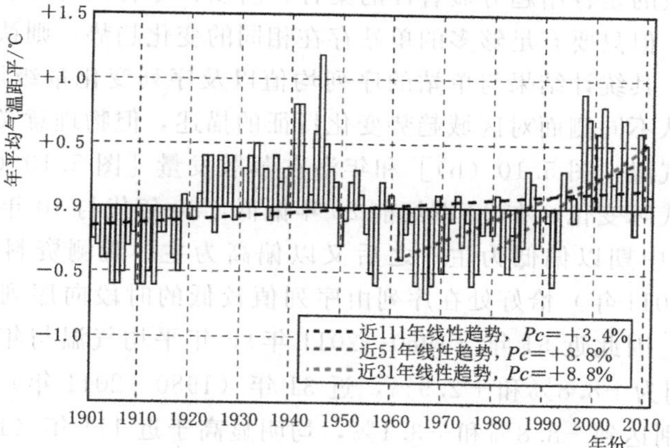

（b）年平均气温

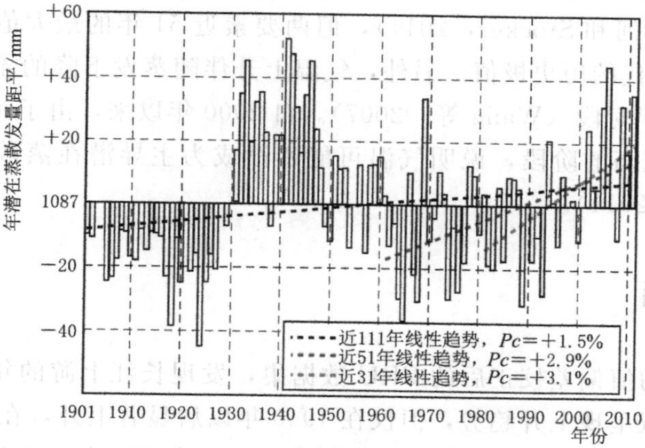

（c）年潜在蒸散发量

图 5.10 各气候要素全流域面平均值的距平过程及线性趋势

图中 Pc 由 Yue 等（2002b）定义，表示趋势变率，即在指定分析时段，线性趋势变化量相对于多年均值的比例。

年降水量变化表现为随机波动的特点［图 5.10（a）］，不同分析时段的趋势变率比较接近，位于－2.8%～－1.3%之间。统计量 P_c 的分析结果与构造的区域统计量分析结果存在明显差异：利用 P_c 分析长江上游近 111 年（1901—2011 年）降水量的面平均序列呈现下降趋势，而区域统计量的分析结果表明，该区域降水量呈不显著的上升趋势。面平均序列能够直观展现气候要素的变化过程，但可能掩盖量级较小站点的显著变化。在长江上游，金沙江区的降水量均值仅为 600mm 左右，而川江流域降水量普遍高于 1000mm，因此，尽管金沙江区的降水量明显增多，但不足以主导面平均降水的变化趋势。而区域统计量反映的是各站趋势显著性的集合，所以，尽管只有金沙江区降水量增加趋势显著，但只要有足够多的单站存在相同的变化趋势，则认为整个区域发生相应变化，其统计结果与单站的序列均值以及序列变化量级均无关。可见，两种方法是从不同侧面对区域趋势变化特征的描述，但物理意义不同。

年平均气温［图 5.10（b）］和年潜在蒸散发量［图 5.10（c）］均呈现较为一致的年代际变化，在 20 世纪前 20 年偏低，30 年代与 40 年代偏高，60 年代至 90 年代中期以偏低为主，之后又以偏高为主。观测资料较为丰富的时期（1960—2011 年）恰好处在序列由序列值较低的时段向序列值较高的时段转化的过程，因此近 51 年（1960—2011 年），年平均气温与年潜在蒸散发量的 P_c 值分别为＋8.8%和＋2.9%，近 31 年（1980—2011 年）的上升趋势变率更高，分别达到＋8.8%和＋3.1%，均明显高于近 111 年（1901—2011 年）的 P_c 值。值得注意的是，虽然全球变暖很有可能进一步持续并影响气候系统的变化（秦大河和 Stocker，2014），但两要素近 51 年的最大值都还没有超过 20 世纪 40 年代的历史极值。另外，气温上升伴随蒸发下降的矛盾可能出现在 1961—2000 年时段（Wang 等，2007）。自 2000 年以来，由于两要素几乎同时进入序列值较高的阶段，说明气温可能逐渐成为主导潜在蒸散发量上升的因素（Liu 等，2011）。

5.5　小结

分析经均值偏差校正后的 CRU 数据集，发现长江上游的年平均气温在绝大部分子流域呈现上升趋势，但仅在 1960 年以后显著上升，在 1901—2011 年时段并不显著。从面平均序列来看，近百年来，年平均气温经历了两次增温和一次降温过程。1960 年以后为气象观测资料较为丰富的时期，并且恰好处于第二次增温过程，增温趋势显著，但该时段最高气温尚未超过 20 世纪 40 年代的历史极值；年潜在蒸散发量的趋势变化方向和显著性与年平均气温基本一致。

近百年来，长江上游年降水量在金沙江区增多趋势最为显著，在川江流域略有减少，两者变化互补使长江上游全流域降水略有增多。相对而言，在近51年（1961—2011年）和近31年（1981—2011年）两个时段，年降水量在金沙江区的增幅有所减缓，在川江流域的降幅有所增加，导致全流域降水由增多转变为略有减少。总体而言，近51年与近31年来长江上游的气候条件越来越干燥，如果该变化一直持续，可能导致年径流量的进一步减少。

使用区域统计量方法检验气候要素的区域趋势显著性，评估结果受到序列自、互相关性的影响。长江上游的年平均气温和年潜在蒸散发量均表现出较为明显的正的自、互相关性，两种因素都会明显增大区域趋势的显著性。采用考虑自、互相关性影响的区域 Spearman 秩次相关检验方法，可以有效降低趋势误判的概率。

第 6 章 近百年三峡入库径流变化成因及其对发电量的影响

前章分析结果表明，三峡坝址宜昌站的年径流持续减少与长江上游降水减少和蒸散发增加的气候变化背景一致。同时也应注意到，近年来，长江上游的水资源开发利用状况也发生了很大变化。随着工农业用水的增加、大中型水利工程的建设以及跨流域调水工程的实施，三峡入库的年、月径流过程可能发生进一步改变（Xu 等，2008；Zhang 等，2012；张远东和魏加华，2010），这将直接影响三峡的发电效益。因此，定量阐明径流变化的成因有助于科学制定应对措施，包括调整供用水计划、优化调水方案、协调上下游水库联合调度等，以缓解径流变化所导致的发电量损失。

鉴于上述认识，本章的研究内容主要包括：①分析近百年来（1901—2011 年），三峡入库径流的变化趋势，并根据突变检测结果区分流域保持天然状态的基准期和非天然状态的影响评价期。②定量评价气候变化和人类活动在影响评价期对径流变化的贡献率。③讨论径流变化对三峡水库发电量的影响。

6.1 径流变化特征的统计分析方法

6.1.1 MASH 滑动平均法

常用的 MK 或 SR 趋势检验方法仅能分析年、月序列单调趋势的显著性，无法在更细致的时间尺度上（如日）描述径流的变化特征。近期，Anghileri 等（2014）提出了一种基于移动窗口的滑动平均方法（Moving Average over Shifting Horizon，MASH)，可以直观展示日径流过程的逐年变化。如图 6.1 所示，MASH 方法一方面对每年的日径流数据做滑动平均（纵轴方向)，使日径流过程更加平滑；另一方面对平滑日径流数据组成的年序列（共计 365 个)，再沿年方向（横轴方向）做第二次滑动平均，过滤日数据沿年方向的剧烈波动，使年际变化趋势得以显现。为了区别于日方向的滑动平均，将年方向的滑动平均称为移动窗口。

经 MASH 计算后，日径流过程可以整理成矩阵形式，如下：

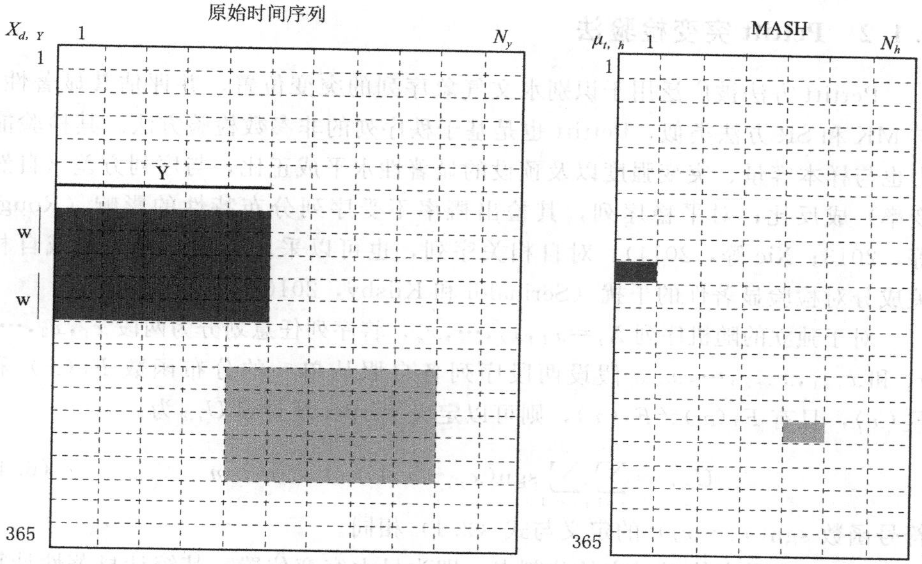

图 6.1 MASH 计算示意图［摘录自 Anghileri 等（2014）］

$$MASH=\begin{bmatrix}\mu_{1,1} & \mu_{1,2} & \cdots & \mu_{1,N_h}\\ \mu_{2,1} & \mu_{2,2} & \cdots & \mu_{2,N_h}\\ \vdots & \vdots & \cdots & \vdots\\ \mu_{365,1} & \mu_{365,2} & \cdots & \mu_{365,N_h}\end{bmatrix} \tag{6.1}$$

式中：$\mu_{t,h}$为在第h移动窗口，第t日的滑动平均数据；N_h为移动窗口的数目，取值与窗口的平移策略有关。当每个窗口代表Y年均值时，则有$N_h=N_y-Y+1$，其中，N_y为原始序列的总年数。

$\mu_{t,h}$的计算公式可具体表述为：

$$\mu_{t,h}=\underset{y\in[h,h+Y-1]}{\text{mean}}\left[\underset{d\in[t-w,t+w]}{\text{mean}}(x_{d,y})\right] \tag{6.2}$$

式中：$x_{d,y}$为第y年第d日的原始日数据；$2w+1$为日方向的滑动平均数目。

在本次研究中，原始序列的总年数$N_y=2011-1901+1=111$；取窗口平滑参数$Y=30$，则有移动窗口数$N_h=111-30+1=82$；另取日方向的滑动平均数目$2w+1=31$（即$w=15$），则可得相应的 MASH 矩阵为：

$$MASH=\begin{bmatrix}\mu_{1,1} & \mu_{1,2} & \cdots & \mu_{1,82}\\ \mu_{2,1} & \mu_{2,2} & \cdots & \mu_{2,82}\\ \vdots & \vdots & \cdots & \vdots\\ \mu_{365,1} & \mu_{365,2} & \cdots & \mu_{365,82}\end{bmatrix} \tag{6.3}$$

其中，$\mu_{t,h}=\underset{y\in[h,h+29]}{\text{mean}}\left[\underset{d\in[t-15,t+15]}{\text{mean}}(x_{d,y})\right]$。

6.1.2　Pettitt 突变检验法

Pettitt 方法被广泛用于识别水文气象序列的突变位置，并评估其显著性。与 MK 和 SR 方法类似，Pettitt 也是基于秩序列的非参数检验方法。其检验能力也与样本容量、突变强度以及预设的显著性水平成正比，与序列方差（自然变率）成反比；对平稳序列，其检出概率不受序列分布特性的影响（Rougé 等，2013；Xie 等，2014）；对自相关序列，也可以采取预置白方法削减自相关成分对检验显著性的干扰（Serinaldi 和 Kilsby，2016）。

对于独立的随机序列 $X_t=x_1,x_2,\cdots,x_n$，将序列任意划分为两段 $x_1,x_2,\cdots,x_\tau$ 和 $x_{\tau+1},x_{\tau+2},\cdots,x_n$。假设两段序列各自服从单一的分布函数 $F_1(x)$ 和 $F_2(x)$，且有 $F_1(x)\neq F_2(x)$，则可以定义 Pettitt 统计量 $U_{\tau,n}$ 为：

$$U_{\tau,n}=\sum_{i=1}^{\tau}\sum_{j=\tau+1}^{n}\mathrm{sgn}(x_j-x_i),\quad 1<\tau<n \tag{6.4}$$

符号函数 $\mathrm{sgn}(x_j-x_i)$ 的定义与式（2.1）相同。

$|U_{\tau,n}|$ 取最大值时对应的分割点 τ 即为最大突变位置，其统计显著性计算公式为：

$$p=2\exp\left[\frac{-6(\max|U_{\tau,n}|)^2}{n^2+n^3}\right] \tag{6.5}$$

当 p 小于预设的显著性水平（如 5%）时，即认为 τ 位置的前后序列发生了突变，$U_{\tau,n}$ 为正（负）表示 τ 位置后方的序列大（小）于前方序列。

6.1.3　年内分配的集中度与不均匀度指标

降水和径流的年内分配特征可以用集中度指标（Concentration Degree Index，CDI）和不均匀度指标（Non - uniformity Degree Index，NDI）来描述（Li 等，2012；Ling 等，2014；Tu 等，2015）。两个指标均是介于 0～1 之间的无量纲参数，取值越大，表示该要素在年内分配越不均匀。不难估计，随着 CDI 与 NDI 指标的增大，降水和径流越来越集中于一年中的某些时段，发生洪水和干旱的风险相应增加。月尺度的 CDI 与 NDI 指标可以写作：

$$CDI_t=\sqrt{R_{t,\text{Horiz.}}^2+R_{t,\text{Vert.}}^2}\Big/\sum_{i=1}^{12}R_{i,t} \tag{6.6}$$

$$NDI_t=\sqrt{\mathrm{var}(R_t)}\,/\overline{R}_t \tag{6.7}$$

式中：$R_{i,t}$ 为第 t 年第 i 月的降水或径流值；$\overline{R}_t$ 与 $\mathrm{var}(R_t)$ 分别为第 t 年月序列的均值和方差；$R_{t,\text{Horiz.}}$ 为第 t 年 12 个月的 $R_{i,t}$ 正交分解后在直角坐标系横轴上的映射之和，见式（6.8）；相应地，$R_{t,\text{Vert.}}$ 为纵轴上的映射之和，见式（6.9）。

$$R_{t,\mathrm{Horiz.}}=\sum_{i=1}^{12}R_{i,t}\cos(i\cdot\pi/6) \tag{6.8}$$

$$R_{t,\mathrm{Vert.}}=\sum_{i=1}^{12}R_{i,t}\sin(i\cdot\pi/6) \tag{6.9}$$

6.2 径流变化的成因分析方法

6.2.1 成因分析的概念模型

根据 Pettitt 突变检验结果，结合流域的人类活动状况，可以将实测径流序列划分为两个阶段：第一个阶段为流域保持天然状态的阶段，将该时期的实测径流量作为基准值；第二个阶段为人类活动影响阶段，认为该时期的实测径流量相对于基准期的变化，是气候变化和人类活动两种因素共同作用的结果（Ahn 和 Merwade，2014；Jiang 等，2011）。假设两种影响因素相互独立，那么就可以定量区分两因素对径流变化的贡献率，计算步骤见式（6.10）～（6.12）：

$$\Delta Q=\Delta Q_C+\Delta Q_H \tag{6.10}$$

$$\eta_C=\Delta Q_C/\Delta Q\times 100\% \tag{6.11}$$

$$\eta_H=\Delta Q_H/\Delta Q\times 100\% \tag{6.12}$$

式中：ΔQ 为影响评价期实测径流相对于基准期的变化总量；ΔQ_C 和 ΔQ_H 分别为气候变化和人类活动引起的径流变化量；相应地，η_C 与 η_H 为两种因素对径流变化总量的贡献率。成因分析的关键在于合理确定基准期以及准确模拟影响评价期的天然径流量。

6.2.2 天然径流模拟的弹性系数法

弹性系数法进一步假定 ΔQ_C 由降水和潜在蒸散发变化引起，而且两种气候要素对径流的影响相互独立。那么，可以将 ΔQ_C 分解为 ΔQ_P 和 ΔQ_{PET} 两部分，即：

$$\Delta Q_C=\Delta Q_P+\Delta Q_{PET}=(\varepsilon_P\Delta P/\overline{P}+\varepsilon_{PET}\Delta PET/\overline{PET})\overline{Q} \tag{6.13}$$

式中：ΔP 与 ΔPET 分别为影响评价期的降水、潜在蒸散发较基准期的变化量；$\overline{P}$、$\overline{PET}$和 $\overline{Q}$ 分别为整个实测期年降水量、年潜在蒸散发量以及年径流量的多年均值；ε_P 为降水弹性系数，表示影响评价期年降水量较基准期变化1%条件下年径流量的变化率。类似地，ε_{PET} 为潜在蒸散发的弹性系数，表示年潜在蒸散发量每变化1%时的年径流量变化率。ε_P（ε_{PET}）取值越大，单位降水量（潜在蒸散发量）变化对径流变化的贡献率就越高。

基于 Budyko 假设（实际蒸散发与降水的比值可以由潜在蒸散发与降水的比值来控制，潜在蒸散发和降水分别描述了大气中可供给实际蒸散发的能量和水量），Yang 等（2008）给出了年尺度的水量能量平衡公式，见式（6.14）：

$$\overline{Q}=\overline{P}-\overline{PET}(1+\phi^{n})^{-1/n} \tag{6.14}$$

式中：ϕ 为流域干燥指数（$\phi=\overline{PET}/\overline{P}$）；$n$ 为表征流域下垫面特征的无量纲参数。在此基础上，可以采用如式（6.15）和式（6.16）所示的 ε_P 和 ε_{PET} 的估计公式（Xu 等，2014）：

$$\varepsilon_P=\frac{1-(\phi^{-n}+1)^{-(n+1)/n}}{1-(\phi^{-n}+1)^{-1/n}} \tag{6.15}$$

$$\varepsilon_{PET}=1-\varepsilon_P \tag{6.16}$$

已知降水、潜在蒸散发和径流在基准期、影响评价期以及整个实测期的多年均值，就可以率定参数 n，进而求得弹性系数 ε_P 与 ε_{PET}，计算气候变化引起的径流变化量 ΔQ_C。经过计算，发现 n 取 0.97 最为合适，这与长江上游 n 的推荐取值范围（0.6～1.5）相吻合（Yang 等，2014）。

6.2.3　天然径流模拟的回归分析法

传统的多元线性回归分析和基于人工智能算法的非线性回归分析都可用来快速模拟天然径流过程（Wang 等，2009a），本次研究采用多元线性回归、人工神经网络和支持向量机方法。选用了 6 个变量作为回归模型输入项来模拟三峡入库的天然月径流过程，输入变量包括：前两个月、前一个月以及当月的降水量和潜在蒸散发量。对 12 个月单独建模，回归模型在基准期进行参数率定再用于模拟影响评价期的径流变化。回归模型仅根据输入、输出变量的内在联系识别参数，存在过度拟合的问题，影响延展期的模拟精度。为了降低该影响，取三种回归模型的加权平均值作为最终结果。权重的选取考虑各模型在率定段的模拟精度［以水量平衡误差表示，见式（6.18）］，误差越小的模型权重越大，权重计算采用反距离加权法。

将影响评价期的天然径流量减去基准期的天然径流量就可以算得气候变化引起的径流变化量 ΔQ_C，而影响评价期的实测径流量与天然径流量之差就是人类活动引起的径流变化量 ΔQ_H。

回归模型的模拟精度可以用 Nash - Sutcliffe 效率系数（NSE）和水量平衡误差（WBE）来评价：

$$NSE=1-\frac{\sum_{i=1}^{n}(Q_i^{Obs}-Q_i^{Sim})^2}{\sum_{i=1}^{n}(Q_i^{Obs}-\overline{Q^{Obs}})^2} \tag{6.17}$$

$$WBE = 100\left(\frac{\sum_{i=1}^{n} Q_i^{Sim} - \sum_{i=1}^{n} Q_i^{Obs}}{\sum_{i=1}^{n} Q_i^{Obs}}\right) \tag{6.18}$$

式中：Q_i^{Obs} 和 Q_i^{Sim} 分别为实测径流量和模拟径流量；$\overline{Q^{Obs}}$为实测径流量的平均值。

6.3 入库径流过程的变化特征

6.3.1 径流过程的趋势性变化

宜昌站位于三峡坝址下游 44km 处；建成于 1988 年的葛洲坝电站虽然位于三峡与宜昌之间，但仅具备日调节性能，对月径流过程的调节作用不明显，因此在三峡水库围堰建设（2003 年）以前，其入库月径流资料可以采用宜昌站来代替。1988—2003 年，三峡至宜昌区间的日径流过程可能受到了葛洲坝电站调蓄作用的影响，但考虑到 MASH 方法对每日径流量都进行了前后 15 天的滑动平均处理，宜昌站平滑后的日径流过程应当能够反映三峡入库径流的趋势性变化。2003—2011 年，则直接采用三峡实测入库日、月径流资料。

图 6.3 给出了三峡入库日径流过程的 MASH 分析结果。如图 6.3 所示，汛期径流调整明显：8 月径流在 20 世纪 60 年代前后（以青蓝色线簇为代表，如 $h=32$ 表示基于 1932—1961 年窗口计算的日径流滑动平均过程）快速下降；汛期洪峰由 8 月上旬前移约 12 天至 7 月中旬；另有一个汛末洪峰逐渐出现在 9 月上旬前后。汛后 9 月、10 月两月来水大幅减少，降幅明显超过汛前 4 月、5 月。

接下来采用第 2 章介绍的 VCPW - MK 方法检验各月入库径流变化的趋势显著性。由于月径流自相关结构多为一阶，所以没有采用第 3 章中提出的用于处理高阶自相关结构的 VC - SR 方法。图 6.2 仍然沿用无量纲的线性趋势斜率 β/σ_A 描述线性趋势相对于短期随机波动的变化量（Hamed，2008），以方便对比各月及年序列的趋势分析结果。总体而言，大部分月份的径流量呈减少趋势，其中 10—12 月的 MK 统计量取值均低于 5% 显著性水平的临界值 −1.96，8 月低于 10% 显著性水平的临界值 −1.64，径流减少趋势显著。在其他月份中，1 月、3 月两月的径流略有增加，2 月与 4—7 月径流都呈非显著下降趋势。年径流量在 5% 显著性水平通过了下降趋势检验。按线性趋势统计，1901—2011 年三峡入库年径流量减少了 34.7mm，月径流量减少较多的月份包括 8 月（−10.9mm）、9 月（−6.5mm）、10 月（−13.6mm）以及 11 月（−4.9mm）。

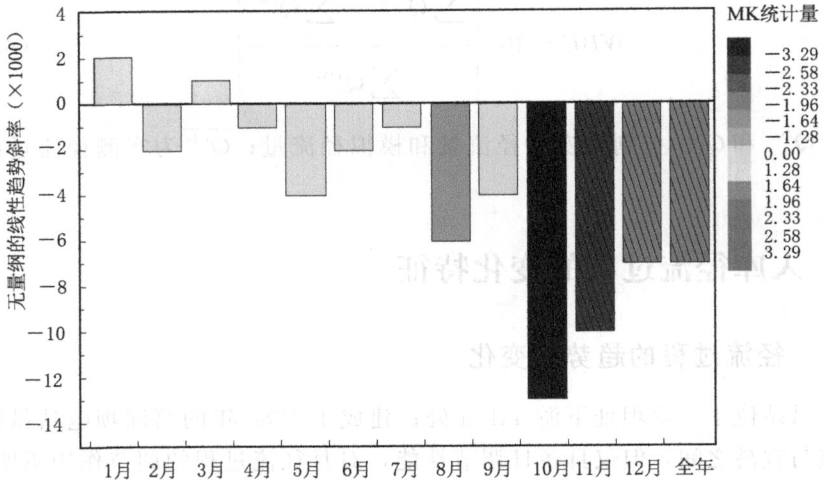

图 6.2　1901—2011 年逐月及年入库径流量变化趋势统计图
（含斜划线的柱状体表示：显著性水平 5%时趋势显著）

6.3.2　径流突变的时间划分

采用 Pettitt 检验以找出各月径流发生突变的年份，为划分天然径流基准期和人类活动影响评价期提供依据。如图 6.4 所示，对于 1 月、8 月、10 月、11 月和 12 月的入库径流序列，分别在 1988 年、1962 年、1954 年、1969 年和 1968 年检测出显著的趋势变化，置信水平为 90%。但是 10 月较为特殊，从统计意义上看，1932—1997 年期间均可视为径流发生显著突变的位置。尽管各月径流突变的具体位置不同，但都集中出现在 1950—1990 年期间。考虑到新中国成立以前，长江上游的大规模水电开发尚未展开，可以认为流域基本处于天然状态；新中国成立特别是在改革开放以后，长江流域的治理开发高速发展，一大批防洪、灌溉、发电、航运有关的水利工程投入建设，城市化进程、水土保持工作的开展都可能改变流域的天然径流过程（Chen 等，2014；Yang 等，2015；Zhang 等，2015；Zhang 等，2011）。因此，我们把整个研究时段划分为三个时期：

- 基准期：1901—1950 年，反映长江上游的天然状态；
- 第一影响评价期：1951—1990 年，反映人类活动影响强度增大的阶段；
- 第二影响评价期：1991—2011 年，反映高强度人类活动影响的阶段。

研究时段的划分还需要考虑径流变化的周期性。采用功率谱、小波方差等

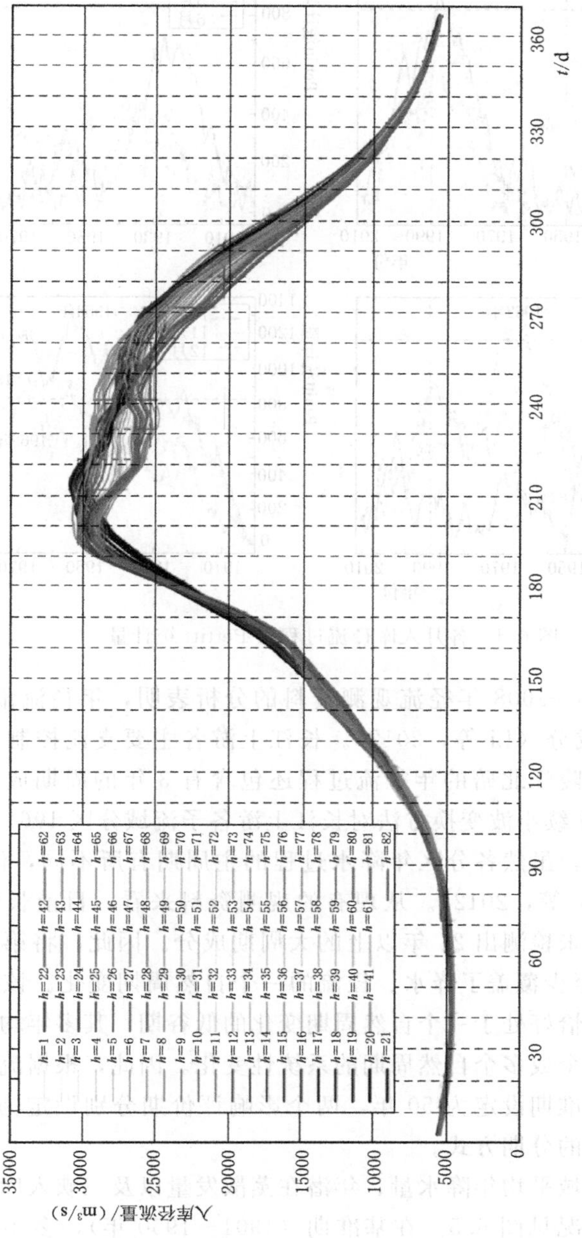

图 6.3 日入库径流过程的 MASH 曲线图

[说明：第一条线标志为 $h=1$，表示基于 1901—1930 年窗口计算的日径流滑动平均过程，见式（6.2），以此类推]

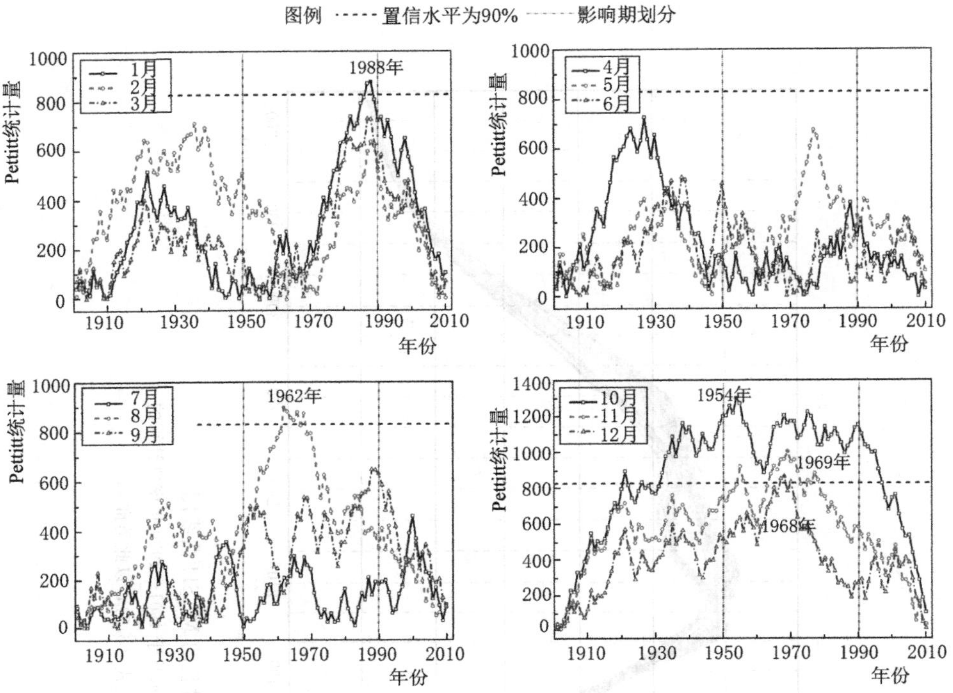

图 6.4　各月入库径流过程的 Pettitt 统计量

方法对宜昌站 1890—2008 年径流观测资料的分析表明，年径流量包含 8 年、13～15 年的周期成分（Li 等，2012）。长江上游各主要支流控制站金沙江屏山、岷江高场和嘉陵江北碚的年径流过程还包含有 3 年的周期成分（王文圣等，2008）。采用连续小波变换方法对长江上游各子流域分区 1961—2002 年降水资料的分析表明，虽然各分区年降水过程的主周期有所不同，但都在 2～8 年区间（Hartmann 等，2012）。从现有的观测资料来看，目前长江上游的年降水、径流过程尚未检测出 21 年以上的大周期成分。因此，将第二影响评价期设定为 21 年，至少覆盖了降水、径流的一个自然周期变化。该阶段径流偏低不太可能是因为恰好处于一个自然周期变化的低谷期，其多年均值、方差等统计特征反映了一个或多个自然周期的系统性变化。因此，根据流域的开发利用变化情况，将基准期设定为 50 年，两个影响评价期分别设定为 50 年和 21 年是一种较为合理的分期方式。

长江上游的流域平均年降水量、年潜在蒸散发量以及三峡入库年径流量在三个分期的变化情况见图 6.5。在基准期（1901—1950 年），多年平均降水量为 825.9mm、潜在蒸散发量为 1103.4mm、入库径流量为 448.6mm。在第一影响评价期（1951—1990 年），降水、潜在蒸散发和径流分别较基准期减少

0.4mm、7.2mm和11.3mm。从水量平衡角度来看，蒸发损失减小，而径流降幅明显大于降水补给的降幅，说明该时期可能有相当一部分径流降幅来源于人类活动的影响。在第二影响评价期（1991—2011年），降水和径流继续减少，降幅分别为15.2mm和35.3mm，潜在蒸散发转变为增加14.9mm，变化方向符合水量平衡关系。人类活动是否影响了该时期的径流变化还需要依赖成因定量分析的结果来解释。

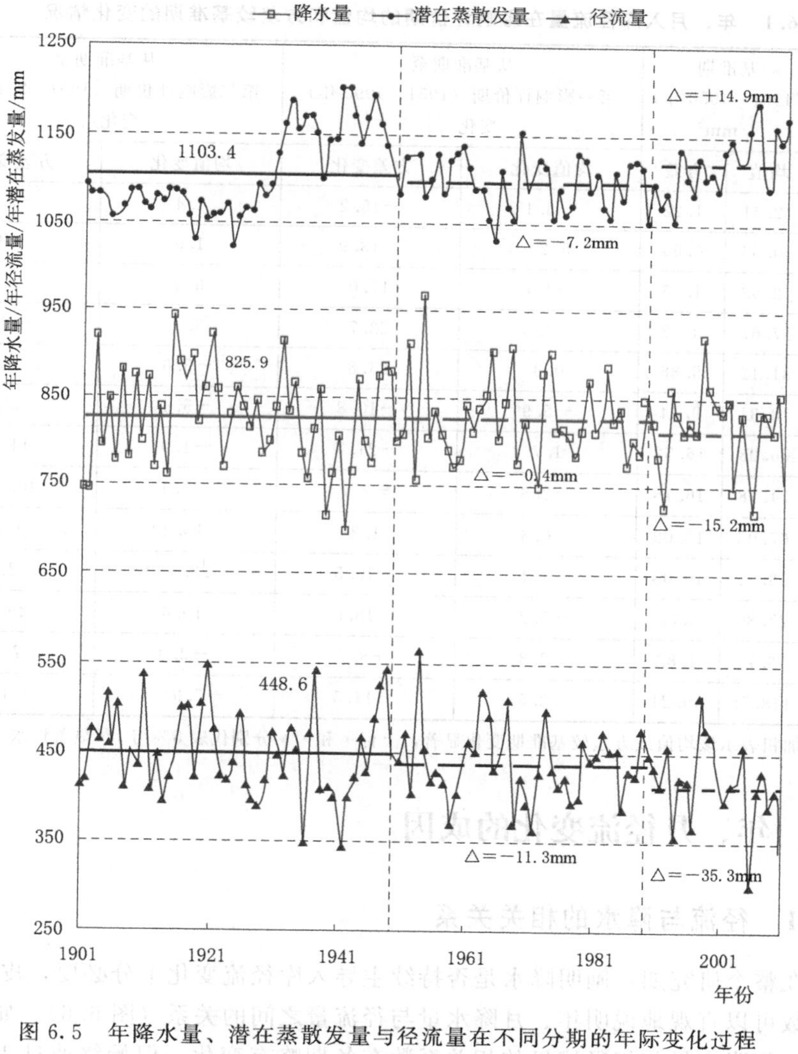

图6.5 年降水量、潜在蒸散发量与径流量在不同分期的年际变化过程

采用假设检验方法进一步分析影响评价期内年、月径流量的均值和方差是否显著区别于基准期（表6.1）（钟平安等，2011）。结果表明，除2月之外，

第一影响评价期的年、月径流过程的均值和方差与基准期没有显著差异。在第二影响评价期，年径流量较基准期显著减少了7.9%，9月、10月、11月分别减少了15.2%、22.9%和10.6%。考虑到1998年大洪水以及2006年干旱，8月径流量的变化较为剧烈，方差较基准期显著增加了46.6%。由此可见，三峡入库年径流量的减少主要发生在第二影响评价期，在年内尺度，8—11月的径流减少量贡献最大。

表 6.1　年、月入库径流量在影响评价期的均值和方差较基准期的变化情况

时间	基准期（1901—1950年）/mm		从基准期至第一影响评价期（1951—1990年）变化/%		从基准期至第二影响评价期（1991—2011年）变化/%	
	均值	方差	均值变化	方差变化	均值变化	方差变化
1月	12.41	1.22	−3.1	−15.2	4.4	−5.3
2月	10.56	0.99	−5.2**	−13.9	1.9	3.4
3月	12.68	1.75	−4.7	17.0	6.4	22.9
4月	17.67	3.62	−1.6	22.7	3.3	−13.0
5月	31.12	5.86	0.3	23.8	−5.6	−1.8
6月	48.31	9.74	−5.9	−10.8	−5.4	−25.0
7月	76.03	16.52	1.7	−21.7	−1.9	11.6
8月	74.18	16.18	−2.8	−2.7	−7.4	46.6*
9月	67.03	15.09	−0.3	1.2	−15.2*	1.6
10月	53.92	10.03	−7.1	−10.5	−22.9**	−22.6
11月	27.89	4.58	−5.2	−18.6	−10.6*	29.2
12月	16.77	1.82	−2.8	−8.7	−3.9	7.5
全年	448.58	49.21	−2.5	−14.5	−7.9**	−1.2

注　加粗表示该均值或方差较基准期变化显著，上标*和**分别代表5%与1%显著性水平。

6.4　年、月径流变化的成因

6.4.1　径流与降水的相关关系

在整个研究期，阐明降水是否持续主导入库径流变化十分必要，皮尔逊相关系数可以直观地说明年、月降水量与径流量之间的关系（图6.6）。如图6.6所示，年降水量与年径流量的相关系数在各期略有变化，但始终通过1%水平的显著性检验。在月尺度上，基准年绝大部分月份（3月、4月、6—11月）的降水与径流之间呈显著正相关关系。第一影响评价期与基准期变化不大，只有 2 月和 12 月未通过显著性检验。然而，在第二影响评价期，各月降水与径流之间的相关关系普遍减弱，仅在 8 月保持住了显著相关关系，汛期 6 月的相关系数几乎为零。

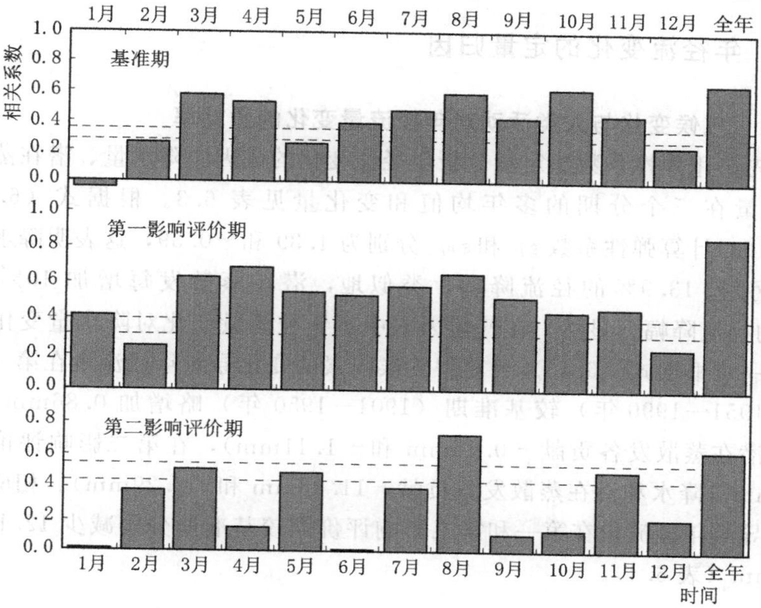

图 6.6　年、月降水量与入库径流量在不同分期的皮尔逊相关系数
（虚线分别表示相关系数在 5% 和 1% 显著性水平的临界值）

观察降水、径流的年内分配特征在不同时期的演变也可以反映两者之间的关系变化（表 6.2）。分析结果表明：降水的不均匀程度普遍高于径流，正常反映了流域下垫面对降水的调蓄作用；降水的 CDI 和 NDI 指标由基准期到第一影响评价期有所下降，进入第二影响评价期转为上升；然而，实测入库径流并没有随降水变化，而是在第一影响评价期达到峰值，在第二影响评价期转为下降。

表 6.2　降水与入库径流在不同分期的年内分配特征（CDI 和 NDI 指标）

指标	评价要素	基准期	第一影响评价期	第二影响评价期
CDI	降水	0.560	0.554	0.556
	实测入库径流	0.446	0.452	0.425
	模拟入库径流	0.446	0.441	0.444
NDI	降水	0.829	0.821	0.834
	实测入库径流	0.672	0.682	0.657
	模拟入库径流	0.663	0.658	0.666

综合皮尔逊相关系数和年内分配特征的分析结果，可以发现单纯考虑降水因素并不能很好地描述径流变化，特别是在第二影响评价期，还应当考虑其他因素（蒸散发、人类活动等）的影响。

6.4.2　年径流变化的定量归因

6.4.2.1　气候变化与人类活动对年径流量变化的贡献率

首先采用弹性系数法定量分析年径流变化的成因。降水量、潜在蒸散发量和径流量在三个分期的多年均值和变化量见表 6.3。根据式（6.15）与式（6.16）计算弹性系数 ε_P 和 ε_{PET} 分别为 1.39 和 −0.39，这表明降水每减少 10%将引起 13.9%的径流降幅，类似地，潜在蒸散发每增加 10%将导致 3.9%的径流降幅。显然，在气候因素中，年径流量变化对降水量变化更为敏感。进一步根据式（6.13）可算得气候因素的变化导致年径流量在第一影响评价期（1951—1990 年）较基准期（1901—1950 年）略增加 0.86mm（其中，降水和潜在蒸散发各贡献 −0.25mm 和 +1.11mm），在第二影响评价期减少 13.55mm（降水和潜在蒸散发各贡献 −11.26mm 和 −2.29mm）。相应地，人类活动导致年径流量在第一和第二影响评价期较基准期分别减少 12.18mm 和 21.72mm（表 6.4）。

表 6.3　年降水量、潜在蒸散发量与径流量在不同分期的多年均值变化情况

单位：mm

时期	$\overline{P}$	ΔP	$\overline{PET}$	ΔPET	$\overline{Q}$	ΔQ
1901—1950 年	825.9		1103.4		448.6	
1951—1990 年	825.5	−0.4	1096.2	−7.2	437.3	−11.3
1991—2011 年	810.7	−15.2	1118.3	+14.9	413.3	−35.3

接下来采用回归分析法计算年径流变化的成因，将天然径流基准期划分为率定段（1901—1940 年）和验证段（1941—1950 年）。两段径流的模拟结果和精度如图 6.7 所示。率定段的 *NSE* 与 *WBE* 指标分别为 96.52%和 2.18%，验证段的模拟精度略低于率定段，分别为 89.28%和 −3.76%。观察模拟径流的 CDI 与 NDI 指标可以看出，指标取值从基准期向两个影响评价期“先减后增”，与降水的变化方向一致（表 6.3）。因此可以认为，三种回归模型的加权均值较好地反映了天然月径流过程的变化。对比实测与天然月径流过程发现，气候因素的变化导致年径流量在第一和第二影响评价期较基准期分别减少 0.43mm 和 10.17mm。相应地，人类活动在第一和第二影响评价期引起的年径流量分别减少 10.89mm 和 25.10mm（表 6.4）。

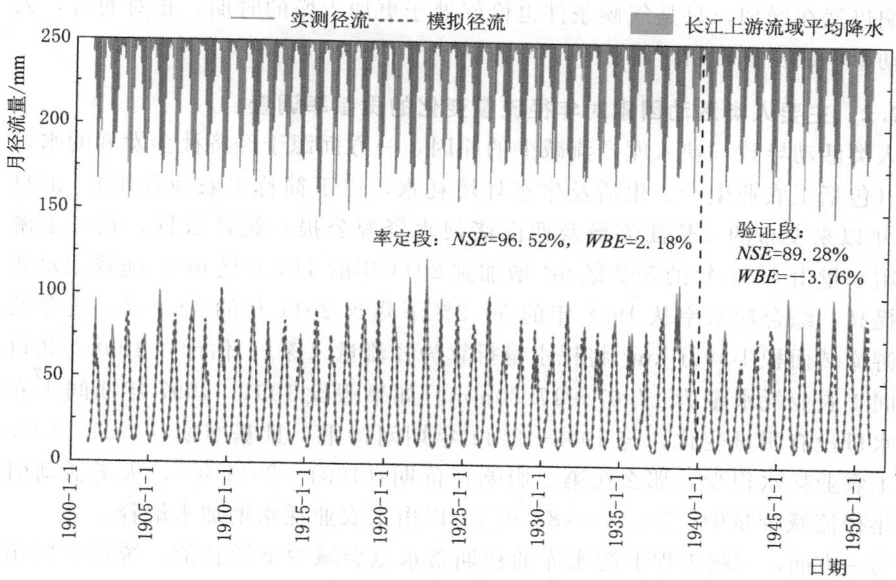

图 6.7 三峡入库径流模拟与实测月径流量过程对比（1901—1950 年）

表 6.4 给出了气候变化和人类活动对三峡入库年径流减少量的贡献率，两种方法都指示人类活动已经成为径流减少的重要因素。在第一影响评价期，人类活动引起的径流减少量约占 96.2%～107.6%；在第二影响评价期，贡献率有所下降，为 61.6%～71.2%。这与 Zhang 等（2015）对汉口站的分析较为一致，其结果表明：1961—1990 年期间人类活动对汉口站年径流减少量的贡献率为 133.1%～141.8%，1991—2010 年期间贡献率下降到 71.8%～83.2%。由此可见，长江上、中游的年径流减少量很大程度上都归因于人类活动的影响。关于人类活动的贡献率在 1990 年之后下降的原因，Zhang 等（2015）认为可能与工业节水技术的进步、节水灌溉技术的推广以及人口增长的减缓有关。这里需要补充的是：在绝对贡献量方面，1990 年之后人类活动

表 6.4　　气候变化和人类活动对年径流量变化的贡献

成因分析方法	时期	气候变化贡献量 ΔQ_C /mm	人类活动贡献量 ΔQ_H /mm	气候变化贡献率 η_C /%	人类活动贡献率 η_H /%
水文模拟法	第一影响评价期	−0.43	−10.89	3.8	96.2
	第二影响评价期	−10.17	−25.10	28.8	71.2
弹性系数法	第一影响评价期	0.86	−12.18	−7.6	107.6
	第二影响评价期	−13.55	−21.72	38.4	61.6

的影响仍然在增加，只是气候条件也恰好处于更加干燥的时期。相对而言，人类活动影响的占比有所下降。

6.4.2.2　主要人类活动因素对年径流量变化的贡献率调查

人类活动导致三峡入库径流减少的原因，一方面源于经济社会发展的水量消耗（包括工农业生产、生活及生态环境耗水，以下简称工农业耗水）。汇总1998 年以来发布的《长江流域及西南诸河水资源公报》统计数据，长江上游的年用水量由 1998 年的 352 亿 m^3 增加到 2011 年的 419.9 亿 m^3；随着用水效率的提高，综合耗水率从 1998 年的 50.2%下降到 2011 年的 42.4%；按照长江上游流域面积 100 万 km^2 将耗水量折算为径流量（深），估计在 1998—2011年期间工农业耗水量为 17.67～17.80mm。如果假设 1991—1997 年期间工农业耗水量没有明显变化，与 1998—2011 年期间持平，且基准期（1901—1950年）工农业耗水很少，那么在第二影响评价期（1991—2011 年），人类活动引起的年径流减少量中，70.4%～82.0%可以由工农业耗水增加来解释。

另一方面，三峡工程上游水库的初期蓄水也会减少下游径流。统计我国第四次水力资源复查成果（李菊根和史立山，2006；长江水利委员会长江勘测规划设计研究院，2004）和历年发布的水力发电年鉴（中国水力发电工程学会，1949—2011），截至 2011 年，三峡以上大型水电站（装机容量大于 300MW）的总库容已经达到 340.8 亿 m^3，比 1990 年以前增加 310.2 亿 m^3，1991—2011 年期间年均增长 14.8 亿 m^3（图 6.8）。类似地，将年均库容增长量按照流域面积折算为径流量（深），则 1991—2011 年期间三峡以上大型水库的初期蓄水造成下游年径流量减少 1.48mm，这可以进一步解释 5.9%～6.8%的人类活动影响。

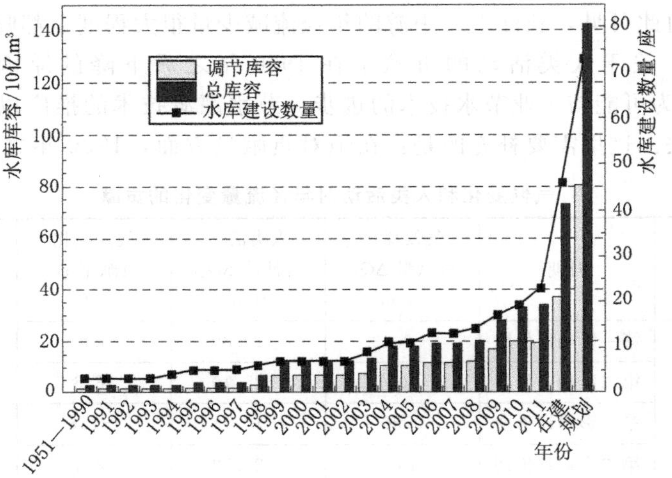

图 6.8　三峡以上大型水电站（装机容量大于 300MW）的建设数量和库容增长情况

另外，库区水面面积的增加还会导致更多的水面蒸发和渗漏损失。Yang 等（2015）估算三峡工程建设期间的水库年蒸发损失量约为 3 亿 m^3，并建议假设三峡水库的蒸发损失与总库容（393 亿 m^3）之比同样适用于其他大型水库，从而可以估算长江流域水库建设引起的蒸发损失量。基于该假设，估计三峡及上游大型水库建成前后，流域蒸发量共计增加 5.6 亿 m^3，折算成径流量（深）为 0.56mm，占人类活动影响的 2.2%～2.6%。

综上所述，相对于基准期（1901—1950 年），第二影响评价期（1991—2011 年）由人类活动引起的年径流减少量中，有 70.4%～82.0%归因于工农业耗水增加，5.9%～6.8%归因于三峡上游水库的初期蓄水，2.2%～2.6%归因于三峡及上游水库的蒸发损失，剩余 8.6%～21.5%则可能与流域植被变化（Zhang 等，2009）和未统计的中小型水库的影响等因素有关，有待进一步的调查和研究。在第一影响评价期（1951—1990 年），长江上游的水资源开发利用资料比较缺乏，所以未做更细致的归因调查。考虑到 1990 年之前，大型水库的建设规模不大，而人口增长非常迅速，工农业节水技术低于 1990 年之后的水平，所以推断工农业耗水仍然是人类活动中的主要因素。

与基准期（1901—1950 年）相比较，在第二影响评价期（1991—2011 年），人类活动和气候变化的各种因素对三峡入库年径流减少量的贡献率如图 6.9 所示。

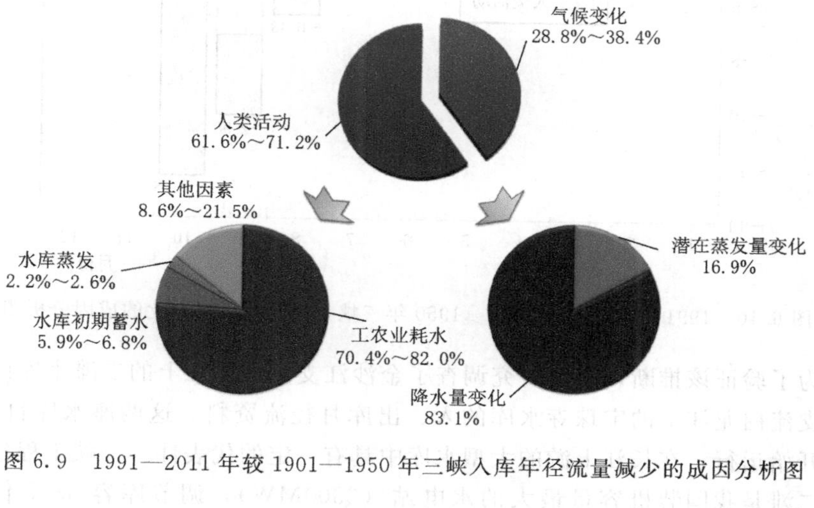

图 6.9　1991—2011 年较 1901—1950 年三峡入库年径流量减少的成因分析图

6.4.3 月径流变化的定量归因

基于模拟的天然月径流过程，回归分析法还可以估算出人类活动与气候变化对各月径流变化的贡献。由于第一影响评价期（1951—1990 年）与基准期（1901—1950 年）的月径流过程较为接近（表 6.4），所以这里仅给出第二影响评价期（1991—2011 年）较基准期的月径流量变化成因。

如图 6.10 所示，人类活动的影响明显分为两段，在 5—11 月导致径流减少，12 月至次年 4 月使径流略有增加。关注月径流降幅最大的月份，气候变化与人类活动的影响叠加，共同加剧了 9—11 月的径流减少；8 月人类活动抵消了气候因素的增水作用。Jiang 等（2008）曾分析了整个长江流域 1961—2000 年的降水资料，发现汛期（6—8 月）降水增幅显著，可能导致洪灾发生概率的增加。这与本次对长江上游的分析结果基本一致，只考虑气候因素，三峡入库的天然径流过程在 7、8 两月增加。考虑人类活动影响后，7、8 两月实际径流减少。三峡来水在汛期与汛后减少，在枯期增加的变化有可能和上游水库在汛枯期之间的调蓄作用有关。

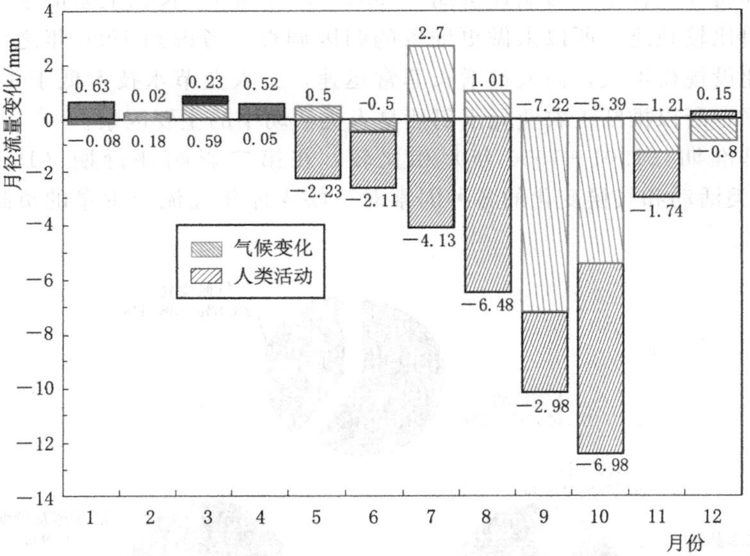

图 6.10　1991—2011 年较 1901—1950 年三峡入库月径流量变化的成因分析图

为了验证该推断，本次研究调查了金沙江支流雅砻江上的二滩水库以及嘉陵江支流白龙江上的宝珠寺水库的入、出库月径流资料。这两座水库自 20 世纪末开始运行，在长江上游的大型水库中具有一定的代表性。三峡工程建成以前，二滩是我国装机容量最大的水电站（3300MW），调节库容 33.7 亿 m^3，宝珠寺的调节库容稍小，为 13.4 亿 m^3。二滩与宝珠寺水库在各月的多年平均蓄水量根据 2002—2011 年实测入、出库月径流资料的差值算得，如图 6.11 所示，二滩在 6—10 月蓄水，宝珠寺的蓄水期还延展至 11 月。如果三峡以上其他大型水库的运行方式与二滩和宝珠寺相类似，那么可以合理推断出上游水库

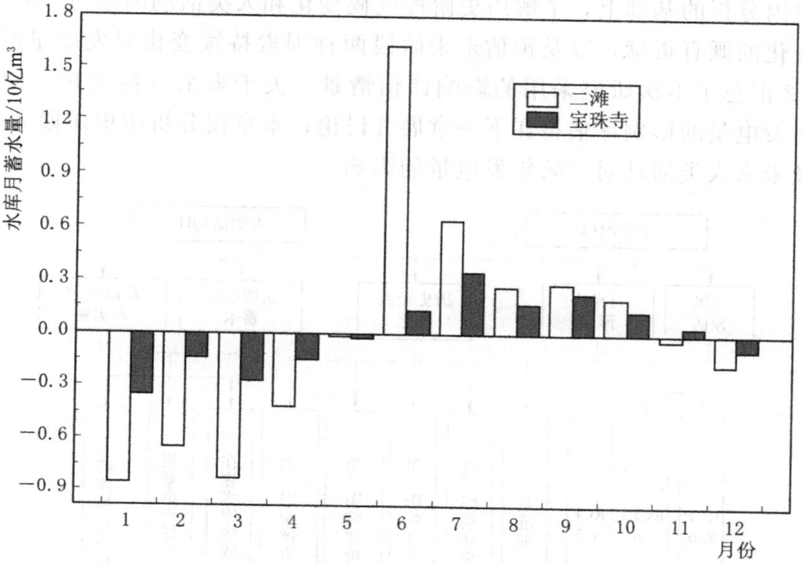

图 6.11 二滩与宝珠寺水库逐月多年平均蓄水量

的调蓄作用造成了三峡入库径流在汛枯期之间的补偿现象。

根据2011年之前水库调节库容的增长情况，可以按式（6.19）统计出1991—2011年期间水库的平均调节库容（Mean Regulated Storage Capacity，MRSC）。

$$MRSC = \frac{1}{21}\sum_{Year=1991}^{2011} RSC_{Year} \times (2011 - Year + 1) \qquad (6.19)$$

式中：RSC 为在特定年份新增的调节库容。

据此估算1991—2011年期间的 $MRSC$ 为78.0亿 m^3，折算成径流量（深）为7.8mm。枯期12月至次年4月，人类活动增水共计1.54mm。水库的调节库容可以解释枯期径流的增量。

5月份的径流减少较为特殊，早于水库蓄水期。Piao等（2003）分析了我国标准归一化植被指数（NDVI）的变化。研究表明：5月是年内各月中NDVI上升趋势最快的月份，并且在枯季各月中5月的NDVI指数最高。因此，5月径流减少可能和陆面植物进入快速生长期，耗水迅速增加有关。

6.5 径流变化对三峡水库发电量的影响

6.5.1 对三峡水库发电量影响分析的情景设计

三峡入库径流在年、月尺度的变化势必影响其发电能力，因此，有必要在径流成因分析的基础上，了解历史阶段气候变化和人类活动因素对三峡水库发电量变化的既有贡献，以及预估未来阶段两种因素持续变化对发电量的影响，图 6.12 汇总了本次研究采用的影响评估情景。关于未来气候变化（RCPs 情景）对发电量的影响评估将在下一章展开讨论；本章仅分析历史阶段的径流变化以及未来人类活动对三峡年发电量的影响。

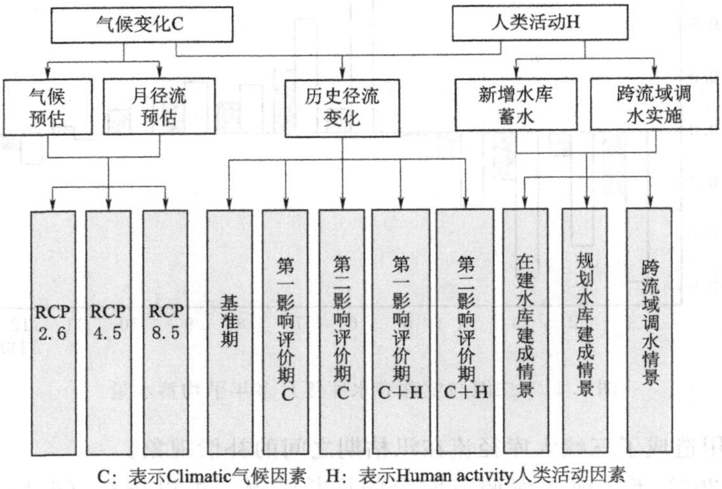

图 6.12　径流变化对三峡水库发电量影响分析的情景设计图

历史阶段的分析情景设定如下：

- 基准期：根据基准期（1901—1950 年）的实测径流过程模拟年发电量，作为发电量变化成因分析的背景值。
- 第一影响评价期^{C}：使用 1951—1990 年的天然径流过程模拟年发电量与背景值对比，评估该期间气候变化对发电量的影响。
- 第二影响评价期^{C}：类似地，使用 1991—2011 年的天然径流过程评估第二影响评价期气候变化对发电量的影响。
- 第一影响评价期$^{C+H}$：使用 1951—1990 年的实测径流过程模拟年发电量与同期天然径流过程的模拟结果对比，评估该期间人类活动对发电量的影响。
- 第二影响评价期$^{C+H}$：类似地，使用 1991—2011 年的实测径流过程模拟年发电量评估第二影响评价期人类活动对发电量的影响。

考虑到未来长江上游将进行更大规模的水电开发，并有规划实施跨流域调水工程，本章将未来阶段人类活动影响的分析情景设定如下：

- 在建水库建成情景：设定截至 2011 年三峡以上在建的大型水库于未来 21 年（2011－1991＋1）内全部建成。根据图 6.8 所示的库容统计结果，已在建水库总库容为 728.4 亿 m^3，调节库容为 371.4 亿 m^3。与已建水库总库容 340.8 亿 m^3 相比，在建水库新增总库容 387.6 亿 m^3，其初期蓄水相当于在 1991—2011 年实测径流过程的基础上每月减少径流 1.5 亿 m^3。已建水库的平均调节库容为 78.0 亿 m^3，与之相比，在建水库将新增调节库容 293.4 亿 m^3。假设全部已在建水库都在 6—11 月蓄水，12 月至次年 5 月放水，那么在 1991—2011 年实测径流过程的基础上 6—11 月每月将减少径流 48.9 亿 m^3，相应地，在 12 月至次年 5 月每月增加径流 48.9 亿 m^3。基于调整后的月径流过程，可以估计出在建水库建成情景下的发电量过程。

➢ 规划水库建成情景：设定 2011 年规划建设的大型水库也于 21 年内建成。规划水库将新增总库容 691.8 亿 m^3，新增调节库容 431.6 亿 m^3。在上述情景的径流过程基础上进一步考虑其初期蓄水和调蓄作用的影响，调整月径流过程，即可估计出该情景下的发电量变化。

➢ 跨流域调水情景：设定南水北调西线工程年调水量为 170 亿 m^3，“滇中引水”工程年调水量为 34.2 亿 m^3（Yang 等，2010；张远东和魏加华，2010）。在规划水库建成情景的基础上，将年调水量平均分配至各月，估计调水对发电量的影响。

6.5.2 历史径流变化及未来人类活动对三峡水库年发电量的影响

利用三峡水库调度图模拟月径流变化对发电量的影响（详见 7.1.3）。其基本调度规则是要求水库在汛期将库水位控制在 145m 附近，以预留足够库容应对 6 月中旬到 9 月中旬的洪水，在兴利期尽可能将库水位保持在 175m 附近以减少水头损失。实际操作的调度方案更加复杂，需要综合各种信息，包括预报入库流量、电力负荷预测、下游通航水位要求等。水库调度图基本上能够反映月尺度的发电量过程。三峡水库在 2010 年 10 月 26 日首次蓄水至正常蓄水位（175m），2008 年年底，左右岸 26 台额定装机 70 万 kW 的发电机组全部投产发电，总装机容量已达 18200MW。根据三峡工程的建设和运行进展情况，本次选取 2010—2011 年期间的实际月发电量过程与模拟值对比，如图 6.13 所示，模拟效果良好。

历史阶段的分析结果表明（图 6.14）：气候因素对三峡年发电量的影响有限，在第一影响评价期（1951—1990）略有增益，这是由于天然径流的年内分配较基准期更加均匀（表 6.2）；考虑人类活动影响后，两个影响评价期的多年平均发电量较基准期依次下降了 3.3%和 9.0%；若以 1990 年为分界，1990 年之后的多年平均发电量较之前减少约 7.5%。这证实了人类活动不仅是三峡来水减少的重要成因，而且还引起了发电量的减少。

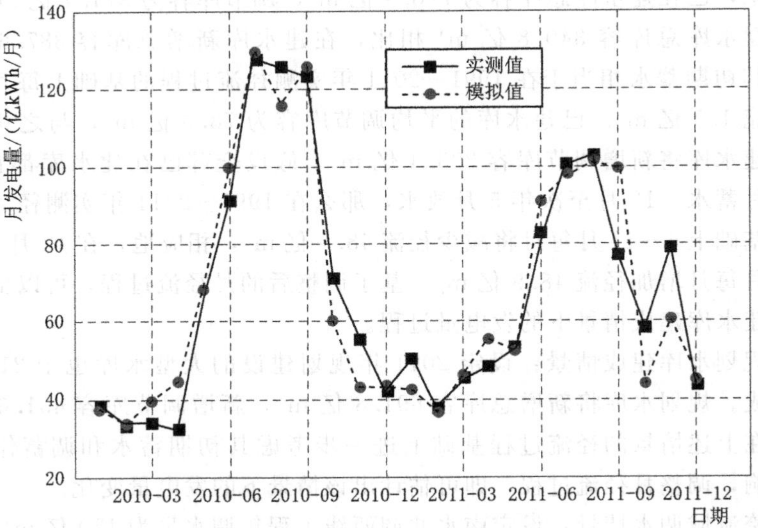

图 6.13　2010—2011 年月发电量过程模拟效果图

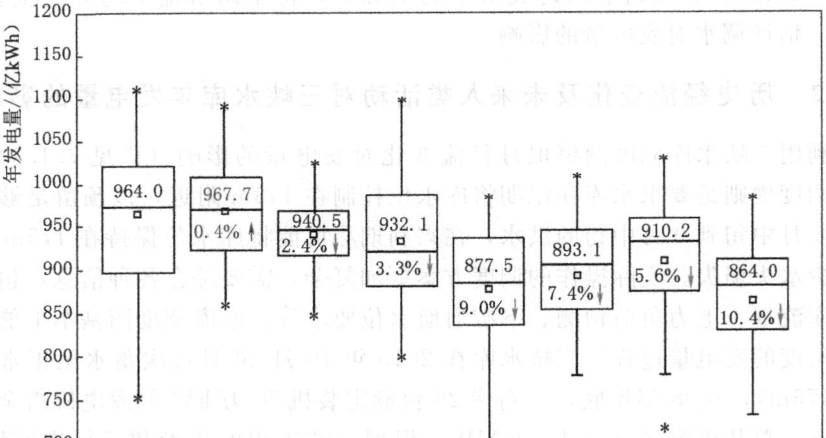

图 6.14　不同影响评估情景下的年发电量分布图

（^{C}表示只考虑气候变化影响，$^{C+H}$表示同时考虑气候变化和人类活动）

未来人类活动对三峡水库发电效益的影响可谓机遇和挑战并存。一方面，跨流域调水工程的实施势必要进一步减少三峡水库发电的可利用水量；另一方面，随着一批大型水库的建成，其调蓄作用有望补偿水库初期蓄水和调水工程的影响。两种因素相互叠加后，多年平均发电量较基准期减少10.4%，仅比第二影响评价期多减少1个百分点。然而，上游水库集中在汛后蓄水，有可能推迟三峡水库蓄至正常蓄水位的时间，增加水头损失。因此，今后加强长江上游水库群的联合调度十分必要。

6.6 小结

本次研究探索了过去111年（1901—2011年）三峡入库年、月径流变化特征，定量分解了气候变化和人类活动对径流减少量的贡献，并评估了未来人类活动对年发电量的影响。主要研究成果如下：

（1）近百年来，三峡入库年径流量显著减少；年径流降幅最快的时期发生在1991—2011年；其中，8—11月径流降幅最多。

（2）发现人类活动已经成为三峡来水减少的重要成因。1951—1990年期间，气候因素对年径流量变化影响很小，人类活动因素对年径流减少量的贡献率达到96.2%～107.6%。1991—2011年期间，气候条件较之前更加干燥，与人类活动叠加共同导致年径流量的降幅较大。该期间人类活动因素的贡献率略有减少，降为61.6%～71.2%。

（3）在1991—2011年期间，调查发现在人类活动因素中，工农业耗水增加是导致年径流量减少的主因，估算其在人类活动因素中的占比为70.4%～82.0%；在气候因素中，降水减少是主因，在气候因素中的占比约为83.1%。月径流量在枯季减少，汛期增加的变化特征反映了三峡上游大型水库的调蓄作用。

（4）通过分析近百年来的径流变化对三峡工程模拟年发电量的影响发现，人类活动导致的来水减少也会降低年发电量；1990年之后的多年平均模拟发电量较之前减少约7.5%。未来长江上游规划建设的大型水库将进一步增强汛枯季的水量调节，有利于缓解水库初期蓄水和跨流域调水工程导致的发电量损失。

第7章　三峡水库发电量变化趋势预估

为IPCC第五次评估报告（AR5）提供支持的CMIP5（耦合模式比较计划第五阶段的多模式数据）后发布（Taylor等，2012），国家气候中心集合21个CMIP5全球气候模式（General Circulation Model，GCM）的模拟结果，制作了一套空间分辨率为1°的月平均资料，时间范围覆盖历史模拟期（1961—2005年）和预估期（2006—2100年）（Xu和Xu，2012）。CMIP5模式采用了新一代温室气体排放情景（典型浓度路径，RCPs）；其中，RCP2.6、RCP4.5和RCP8.5各提供了一种受社会经济条件和气候影响的温室气体排放路径，分别将2100年的辐射强迫水平控制在2.6W/m^2、4.5W/m^2和8.5W/m^2（秦大河和Stocker，2014）。本章将采用CMIP5集合平均数据以及RCPs情景，预估三峡入库年、月径流的变化，并评估其对发电量的影响。

为了准确预估径流变化，本章继承第5章的成因分析结论，认为三峡入库径流在1990年之前较为平稳。所以选定1961—1990年为气候变化影响评估的历史基准期，构建月径流水量平衡模型。预估期分为近期2020s（2011—2040年）、中期2050s（2041—2070年）和远期2080s（2071—2100年）。

7.1　评价模型的构建

7.1.1　气候模式预估成果的偏差校正方法

采用GCM的预估数据评估温室气体浓度增加对水资源的影响是普遍采用的技术手段。然而也必须认识到，GCM是在全球尺度模拟地球物理系统中大气、海洋与下垫面等分支的物质与能量交换，在流域尺度与实际观测场可能存在不小的偏差。Sun等（2015）评估了CMIP5中24项GCM对我国历史气候条件的模拟能力，发现CMIP5数据能够体现我国气候的地理分布特征以及年内循环特征，但倾向于高估年平均气温和低估年降水量。这延续了前代数据集CMIP3的特点（Tao等，2012）。因此，在使用CMIP5的预估数据之前，本次研究事先校正了模拟偏差，以期提高未来气候情景的预估精度。

从统计学角度观察，这种偏差反映在模拟序列的各种分布特性上，典型指标包括年、月尺度的多年均值、均方差和一阶自相关系数等。近期，Sharma

等（2012；2015）提出了一种融合多时间尺度的偏差校正方案，这种方法能够同时校正上述指标的偏差。已有研究发现，该方法可以缩小不同GCM预估数据的差异，有助于提高水文极端事件（如干旱）预估成果的可信度（Johnson和Sharma，2015；Ojha等，2013）。但仍然需要指出的是：偏差校正方法并不能完全替代降尺度技术，特别是动力降尺度技术在衔接GCM与水文模型之间的重要地位（Ehret等，2012）。动力降尺度技术以粗分辨率（约200km，1°～2°网格）的GCM模拟结果为边界条件来重新驱动气候模式，并采用一系列具有明确物理概念的动力控制方程将气候模拟和预估数据解集到高分辨率网格（约10～20km或更小），以匹配水文模型的输入条件（Ashfaq等，2010）。实施动力降尺度计算涉及大量水文气象参数的率定工作，并耗费可观的计算资源。即便如此，也难以避免偏差的存在，甚至可能由于过度拟合而进一步放大偏差。偏差校正既可以用作降尺度计算的后续处理技术，也可直接处理GCM的模拟和预估结果。因此，偏差校正作为一种方便快捷的统计处理技术，仍然不失其实用价值。

下面介绍融合多时间尺度的偏差校正方案（Nested Bias-Correction Approach，NBC）的实施步骤，具体包括：

(1) 月序列标准化。定义GCM在第k年第i月的模拟或预估数据为$y_{i,k}$，第i月序列的多年均值和均方差分别以$\mu_{\mathrm{mod},i}$和$\sigma_{\mathrm{mod},i}$表示，则可以算得标准化的月数据$y'_{i,k}$，为：

$$y'_{i,k}=(y_{i,k}-\mu_{\mathrm{mod},i})/\sigma_{\mathrm{mod},i} \tag{7.1}$$

(2) 邻月相关性校正。分别统计实测序列和模拟序列邻月间的一阶相关系数，记为$r_{\mathrm{obs},i}$和$r_{\mathrm{mod},i}$。校正第i月的标准化序列$y'_{i,k}$，使其与第$i-1$月的标准化序列$y'_{i-1,k}$之间的一阶相关系数由$r_{\mathrm{mod},i}$修正为$r_{\mathrm{obs},i}$。校正后的新序列记为$y''_{i,k}$。

$$y''_{i,k}=r_{\mathrm{obs},i}y''_{i-1,k}+\sqrt{1-r^2_{\mathrm{obs},i}}\left(\frac{y'_{i,k}-r_{\mathrm{mod},i}y'_{i-1,k}}{\sqrt{1-r^2_{\mathrm{mod},i}}}\right) \tag{7.2}$$

(3) 月序列的逆标准化。根据第i月实测序列的多年均值$\mu_{\mathrm{obs},i}$和均方差$\sigma_{\mathrm{obs},i}$，对$y''_{i,k}$做逆标准化变换。

$$y'''_{i,k}=y''_{i,k}\sigma_{\mathrm{obs},i}+\mu_{\mathrm{obs},i} \tag{7.3}$$

(4) 年序列标准化。将校正月序列$y'''_{i,k}$合并至年尺度，记为校正年序列z_k。对年序列z_k按照其均值μ_{mod}和均方差σ_{mod}做标准化变换。

$$z'_k=(z_k-\mu_{\mathrm{mod}})/\sigma_{\mathrm{mod}} \tag{7.4}$$

(5) 年序列的一阶自相关性校正。修正z'_k的一阶自相关系数r_{mod}，使新序列z''_k具备实测年序列的一阶自相关系数r_{obs}。

$$z''_k = r_{obs} z''_{k-1} + \sqrt{1-r^2_{obs}} \left(\frac{z'_k - r_{mod} z'_{k-1}}{\sqrt{1-r^2_{mod}}} \right) \tag{7.5}$$

(6) 年序列的逆标准化。根据实测年序列的多年均值 μ_{obs} 和均方差 σ_{obs}，对 z''_k 做逆标准化变换。

$$z'''_k = z''_k \sigma_{obs} + \mu_{obs} \tag{7.6}$$

(7) 年序列偏差的分配。为了使校正后的月序列与年序列相等，可根据式（7.7）将年序列的偏差分配至各月。

$$Y_{i,k} = y'''_{i,k} \times z'''_k / z_k \tag{7.7}$$

偏差校正方法的基本假设是认为在一段时期内，模拟序列与实测序列的偏差平稳不变。根据历史资料统计算得的偏差可用于校正未来相当长一段时期的预估数据，使其接近实际值。为了验证该假设，稳健的偏差校正策略是将实测期划分为率定期和验证期。具体而言，上述步骤中的年、月统计量都是根据模拟序列在率定期的资料算得，验证期校正效果理想的统计量可以进一步用于预估期校正，否则应当弃用该统计量。本章中，根据 GCM 数据在验证期的校正效果，试算选取合适的校正统计量。

7.1.2 月径流水量平衡模型

将偏差校正后的 GCM 预估数据（月降水量、月平均气温）转换为月径流量，是水文模型解决的任务。本章的研究目标是预估三峡入库月径流过程，进而评估发电量的变化。因此，并不需要采用复杂的分布式模型来细致描述各个网格的陆面水文过程，而是可以采用集总式的月径流水量平衡模型，直接模拟长江上游各子流域的径流变化，并汇总至三峡入库。相比于时间尺度更短的日模型或洪水预报模型，月模型的参数更少，减少为 2～5 个；坡面产流成分可简化为地表径流和地下径流两种，壤中流产汇流时间较短，一般不再从地表径流中分割出来；由于河道汇流时间较短，一般也不需要考虑河网汇流过程。

Bai 等（2015）对比了 12 种常用的月径流模型在我国干旱、半干旱和半湿润地区 153 个流域的应用效果。研究发现，各模型在半湿润地区都能取得较好的结果，模拟精度优于干旱地区；简单模型的效果有时要优于复杂模型，对于月径流模型而言，两参数模型足以获得满意的精度。熊立华和郭生练（2002；1999）根据我国南方地区月尺度降水、蒸发和径流密切相关的实际，提出的两参数水量平衡模型（以下简称为 XGM）就是其中的代表之一。XGM 在长江上游寸滩至宜昌区间也有过成功运用（Li 等，2013）。XGM 将地表径流和地下径流进一步合并，采用一个经验性的双曲正切函数来描述土壤对降水的调蓄作用，如图 7.1 所示。模型结构简单，参数的物理意义明确，在湿润、半湿润地区具有良好的适用性。Jiang 等（2007）曾采用包括 XGM 在内的 6

种月径流模型来评价气候变化对东江流域水资源量的影响，有趣地发现尽管新安江月模型比 XGM 的结构更为复杂，率定参数更多（4 个），但两者对径流、实际蒸散发以及土壤含水量的模拟和预估结果都非常接近。鉴于此，本章采用 XGM 模拟和预估三峡水库的入库月径流过程，计算过程包括以下几方面内容。

（1）月潜在蒸散发量的计算。采用 Thornthwaite 公式计算 GCM 各网格的逐月潜在蒸散发量，通过算术平均汇总至各子流域。该方法的优点在于只要求已知月平均气温数据 T_t，就能获得近似于复杂方法（如 Penman - Monteith 公式）的结果（Rosenberry 等，2007）。

$$\begin{cases} PET_t = 16(10T_t/I)^{6.75\times10^{-7}I^3-7.71\times10^{-5}I^2+1.79\times10^{-2}I+0.49} \\ I = 12(0.2\overline{T}_t)^{1.514} \end{cases} \tag{7.8}$$

式中：$\overline{T}_t$ 为当前计算时刻 t 所属年份的平均气温。

（2）月实际蒸散发量的计算。考虑到实际蒸散发与潜在蒸散发可能存在互补关系，XGM 没有直接修正蒸发皿蒸发量或潜在蒸散发量，而是引入月尺度的干燥指数 ϕ_t 来综合反映流域水热平衡对实际蒸散发量的影响。

$$AET_t = C\times PET_t\times\tanh(1/\phi_t) = C\times PET_t\times\tanh(P_t/PET_t) \tag{7.9}$$

式中：P_t、PET_t、AET_t 分别为 t 时刻的月降水量、月潜在蒸散发量和月实际蒸散发量。只有在极端湿润条件下 $P_t/PET_t\rightarrow\infty$，潜在蒸散发才有可能完全转化为实际蒸散发。该式源于 Ol’dekop（1911）建议的年尺度实际蒸散发计算公式（Liu 等，2012）。参数 c 用来修正年、月尺度变换所引起的偏差，实际上也涵盖了 Ol’dekop（1911）公式模拟实际蒸散发所产生的偏差。

（3）月径流量的计算。若把整个流域看作一个具有调蓄作用的水库，那么土壤中的净含水量 S_t 就是库容。库容越大，可供给的水量就越多，即月径流量 Q_t。假定月径流量与土壤含水量成双曲正切函数关系，则有：

$$\begin{cases} Q_t = (S_{t-1}+P_t-AET_t)\times\tanh[(S_{t-1}+P_t-AET_t)/SC] \\ S_t = S_{t-1}+P_t-AET_t-Q_t \end{cases} \tag{7.10}$$

式中：SC 为模型的第二个参数，表示流域的最大蓄水能力；S_{t-1} 和 S_t 分别为 $t-1$ 和 t 时刻末的土壤含水量。

对模型两个参数 C 和 SC 的率定推荐通过两步进行，首先根据水量平衡误差［WBE，式（6.18）］，确定参数 C。再优化参数 SC，使 Nash - Sutcliffe 效率系数［NSE，式（6.17）］达到最优。本次研究采用了遗传算法对两参数进行了自动优选（Franchini，1996）。初始时刻的土壤含水量 S_0 取 1 月份土壤含水量的多年均值，由模型计算值估计。

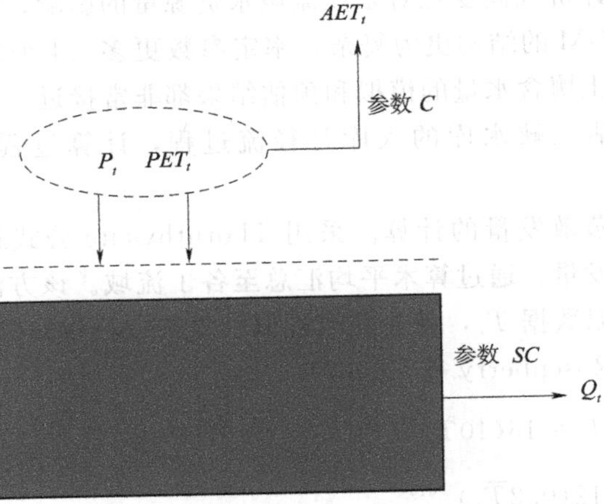

图 7.1 两参数水量平衡模型（XGM）的结构示意图

7.1.3 水库发电调度规则

水库发电调度规则是根据水库调度原则，在来水、设计任务及运行约束等条件下，进行水库操作调度的具体要求和规定。水库调度图是对各种水文条件下水库调度原则的综合反映；本次研究按照三峡水库调度图（图 7.2），模拟

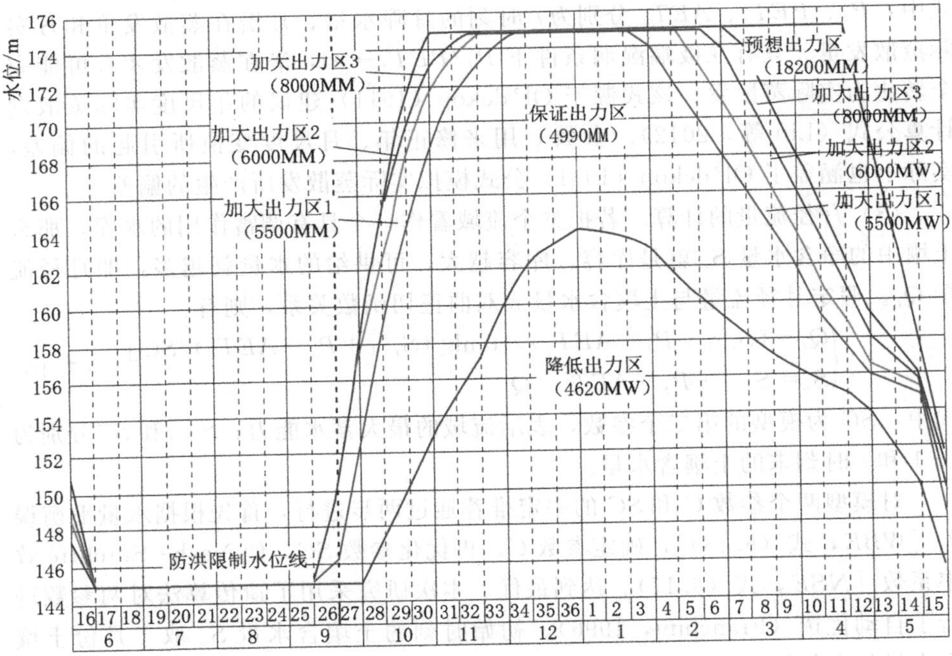

图 7.2 三峡水库调度图

水库的发电运行过程，计算水库发电量及相关经济指标，具体规则包括以下几方面内容：

（1）以时段初水库坝上水位为决策变量，在兴利期（9月中旬初至次年6月上旬末），当库水位处于上下基本调度线之间的保证出力区时，水电站以保证出力4990MW工作。

（2）当库水位处于上基本调度线与预想出力线之间的加大出力区时，水电站按指示的加大出力4990～18200MW工作。

（3）当库水位处于预想出力区时，水电站按预想出力18200MW工作。若产生弃水，可进一步加大出力至装机容量22500MW。

（4）当库水位处于下基本调度线以下的降低出力区时，水电站按降低出力4620MW工作。

（5）在汛期（6月中旬初至9月上旬末），试算出力将库水位控制在防洪限制水位145m左右。当库水位高于145m时，水电站均按预想出力18200MW工作。多余水量根据不同库水位条件下的调洪规则控制：当库水位不超过设计洪水位175m时，一般按小于或等于下游安全泄量56700m^3/s控制下泄；当库水位达到或超过设计洪水位时，按小于或等于设计洪水位相应最大泄洪量69800m^3/s控制下泄；当库水位进一步抬升至校核洪水位时，按小于或等于校核洪水位相应最大泄洪量102500m^3/s控制下泄。

7.2 CMIP5 对长江上游气候要素变化的模拟和预估

7.2.1 CMIP5 集合平均数据偏差及其校正

利用CMIP5在历史模拟期（1961—2005年）的集合平均数据，评估模式对长江上游历史气候的模拟能力。如图7.3所示，CMIP5能够较好地模拟出年降水量和年平均气温由西北向东南递增的空间分布特征，也能模拟出年降水量在四川盆地西缘的高值区。但相比于同期观测数据（图7.4），模拟降水量明显偏多，尤其是在岷沱江、嘉陵江源头的高山地区以及金沙江横断山区的北部，普遍偏高900～1200mm；模拟气温明显偏低，全区平均气温的偏差约为－4.5℃，在金沙江中段气温偏差可达到－8℃以上。

上述分析说明有必要对CMIP5模拟数据进行偏差校正，进而提高其对未来气候情景的预估精度。这里将历史模拟期划分为偏差校正的率定期（1961—1985年）和验证期（1986—2005年）；图7.5和图7.6分别给出了月降水、月平均气温过程在验证期的校正效果，图中数据点表示各CMIP5网格点在校正

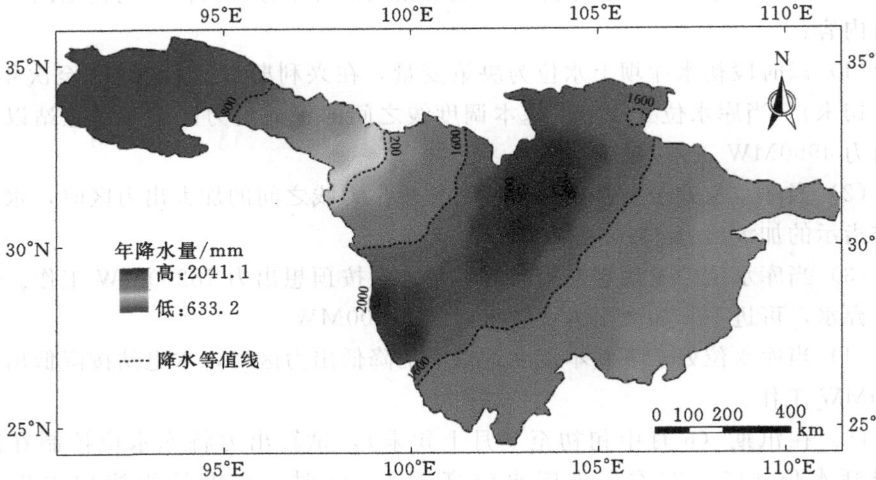

(a) 年降水量

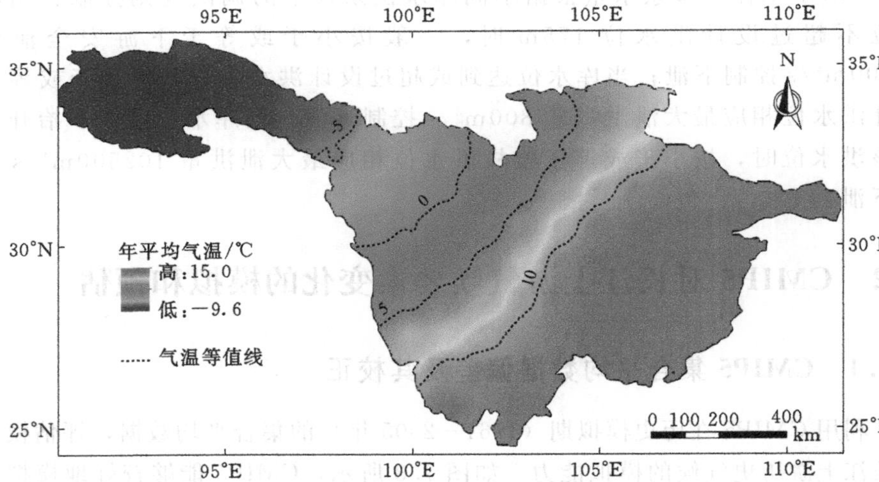

(b) 年平均气温

图 7.3　CMIP5 模拟数据在历史模拟期（1961—2005 年）多年均值的空间分布

前后的统计量取值变化。如图 7.5 所示，月降水过程的偏差明显减小，均值和均方差的均方误指标 RMSE 分别由 27.8mm、12.0mm 下降到 2.6mm、3.2mm，一阶自相关系数的 RMSE 由 0.104 下降到 0.040。对于月平均气温过程，试算发现在率定期校正一阶自相关系数反而会导致偏差增大，因此仅校正了均值和均方差两个统计量。结果表明，被 CMIP5 低估的均值和高估的均方差明显改善，RMSE 均减小到仅为 0.1℃。

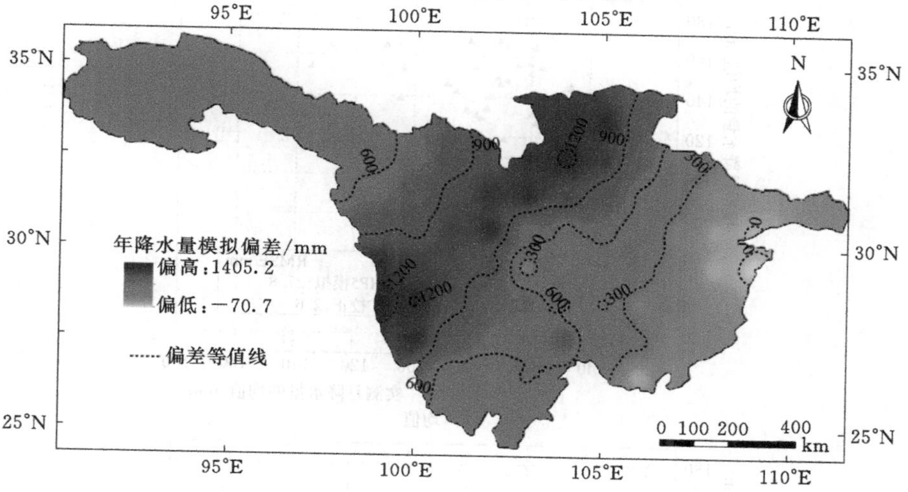

(a) 年降水量

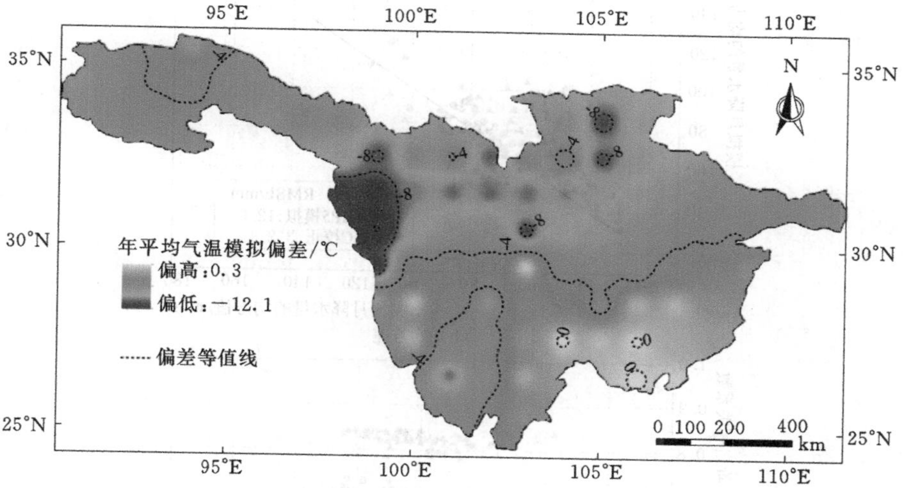

(b) 年平均气温

图 7.4 CMIP5 模拟数据与同期观测数据在历史模拟期多年均值的偏差分布图

7.2.2 CMIP5 对未来气候要素的预估

基于偏差校正后的数据预估 2011—2100 年的降水和气温变化。从年际变化过程来看（图 7.7），年降水量总体呈现增加趋势；约 2060 年前，各 RCP 情景的变化趋势较为一致；而 2060 年以后表现出不同的变化特征，此时 RCP2.6 情景下的年降水量趋于平稳，RCP4.5 的降水增幅趋缓，RCP8.5 的降水仍然持续增加。按线性趋势统计，截至 2040 年（近期末），三种情景的变

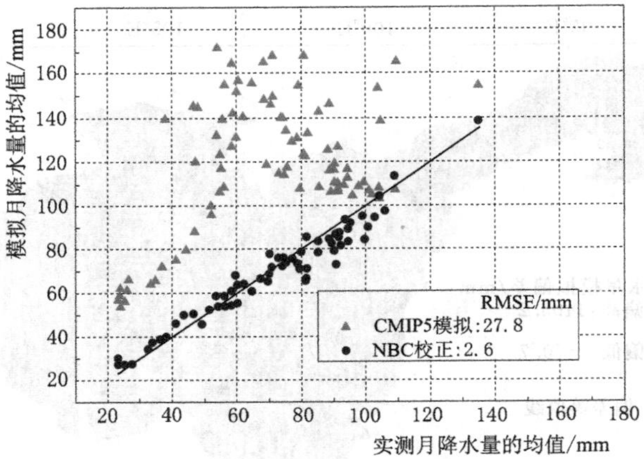

（a）均值

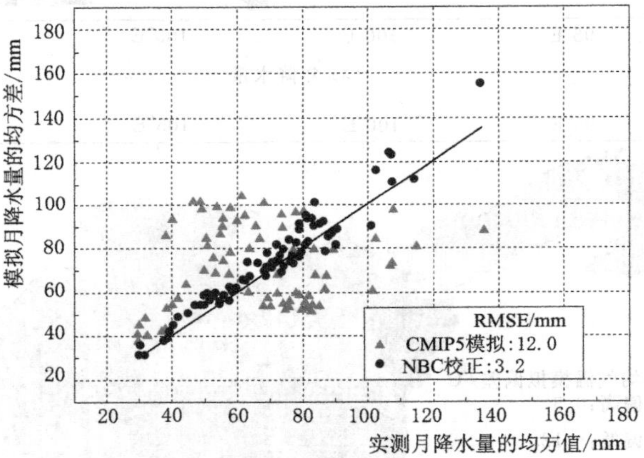

（b）均方差

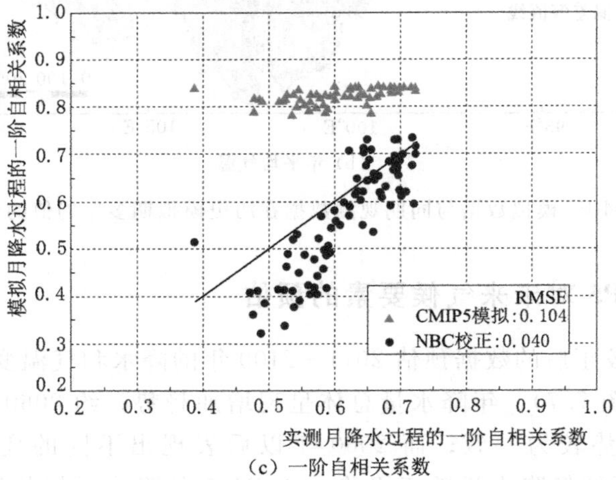

（c）一阶自相关系数

图 7.5　验证期（1986—2005 年）偏差校正前后模拟月降水过程与观测数据的对比

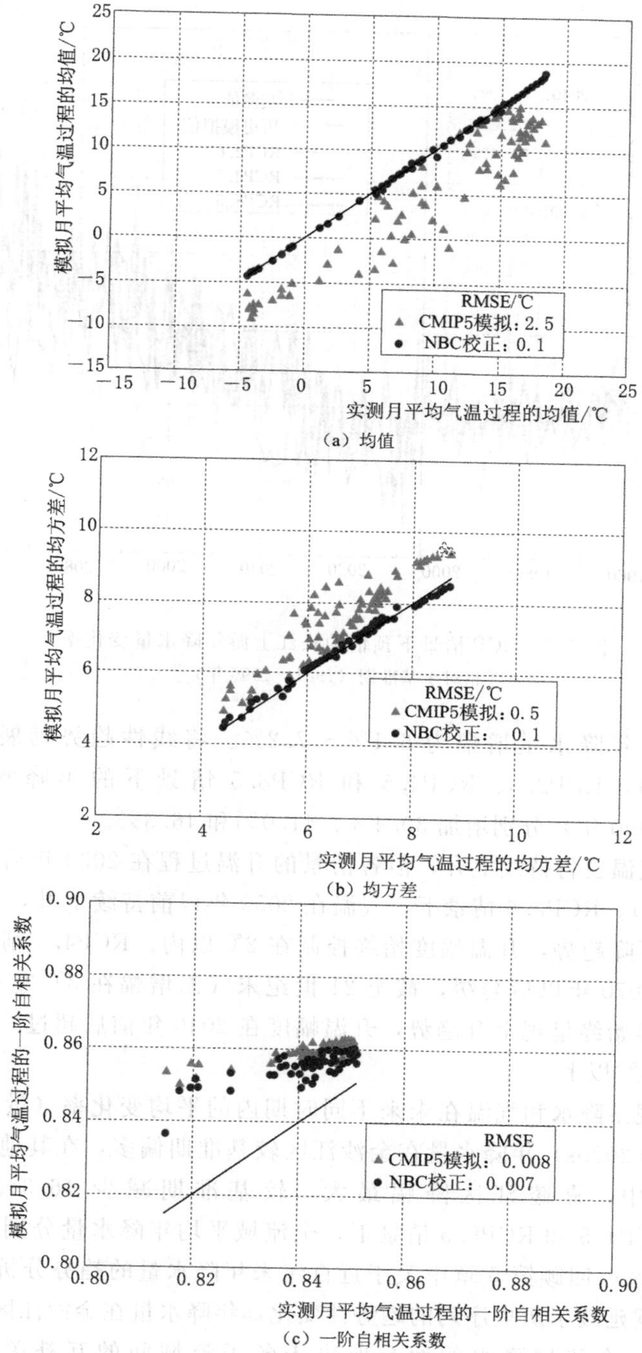

图 7.6 验证期（1986—2005 年）偏差校正前后模拟月平均气温过程与观测数据的对比

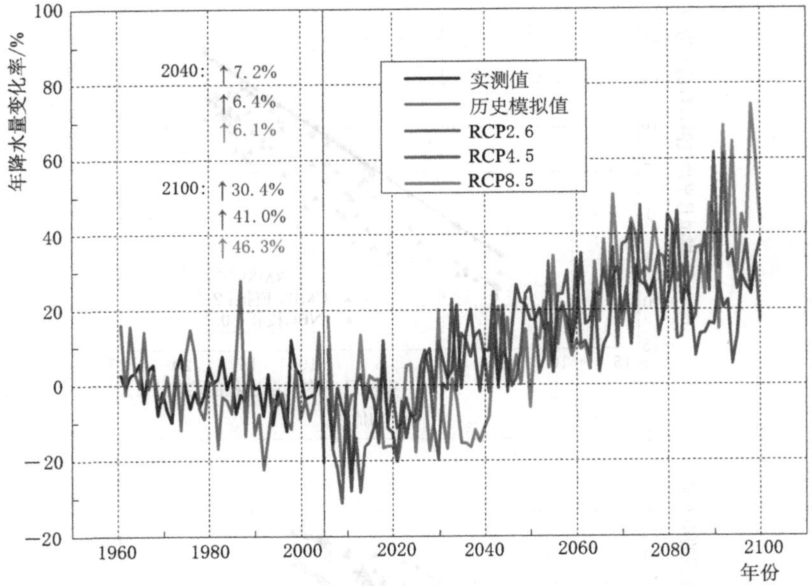

图 7.7　RCP 情景下预估的长江上游年降水量变化率
［相对于基准期（1961—1990 年）］

化差异较小，年降水量增幅为 6.1%～7.2%。将线性趋势延展到 21 世纪末（2010 年），RCP2.6、RCP4.5 和 RCP8.5 情景下的年降水量较基准期（1961—1990 年）分别增加 30.4%、41.0%和 46.3%。

年平均气温也将持续上升，但各情景的升温过程在 2030 年后逐渐表现出差异（图 7.8）。RCP2.6 情景下，气温在 2050 年以前持续上升，2050 年以后呈现一定的下降趋势，升温幅度始终控制在 2℃以内。RCP4.5 情景下，升温趋势大约在 2070 年以后趋缓，截至 21 世纪末气温增幅在 3℃左右。RCP8.5 情景下，气温始终呈现上升趋势，升温幅度在 2040 年前后超过 2℃，21 世纪末更是达到 5℃以上。

进一步观察降水和气温在未来不同时期内的平均变化率（量）。如表 7.1 所示，近期（2020s）年降水量在金沙江区较基准期偏多，在其他子流域以偏少为主；其中，嘉陵江区降幅最大，较基准期减少 16.3%～28.0%；RCP2.6、RCP4.5 和 RCP8.5 情景下，全流域平均年降水量分别减少 1.7%、3.9%和 7.5%。回顾第 5 章中关于近百年来年降水量的趋势分析结论，发现模式预估数据延续了历史序列的趋势性变化，年降水量在金沙江区增多，在川江流域减少，全流域降水的增减取决于各子流域间的互补关系。中远期（2050s 与 2080s），大部分子流域的降水明显增加，尤其是在金沙江区，远期

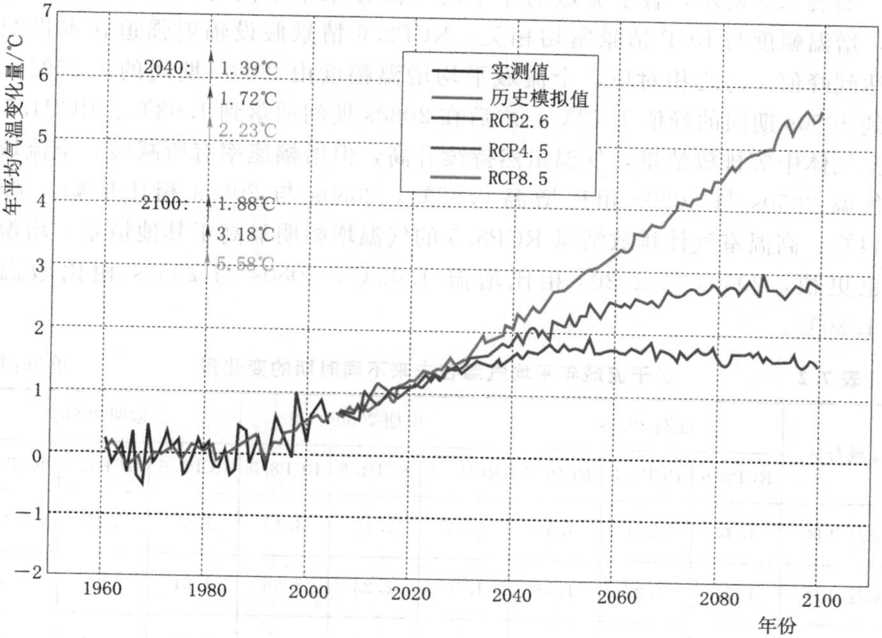

图 7.8 RCP 情景下预估的长江上游年平均气温变化量
[相对于基准期（1961—1990 年）]

增幅最多可达 57.5%。全流域平均降水在中期较基准期偏多 13.7%～15.7%，在远期偏多 21.2%～37.0%。

表 7.1 各子流域年降水量在未来不同时期的变化率 %

流域分区	近期 2020s			中期 2050s			远期 2080s		
	RCP2.6	RCP4.5	RCP8.5	RCP2.6	RCP4.5	RCP8.5	RCP2.6	RCP4.5	RCP8.5
金沙江区	12.0	8.3	8.6	26.0	28.5	32.9	26.5	38.6	57.5
岷沱江区	0.4	−1.0	−5.1	17.9	16.9	13.7	22.8	27.8	33.7
嘉陵江区	−16.3	−22.3	−28.0	5.9	4.2	−1.9	23.4	33.7	33.4
乌江区	−8.1	−7.3	−12.5	9.9	5.4	0.7	10.7	17.8	14.2
上游干流区	−13.1	−11.1	−19.6	5.7	2.7	−1.6	13.3	19.7	17.2
全流域	−1.7	−3.9	−7.5	15.7	15.1	13.7	21.2	30.1	37.0

如表7.2所示，各子流域的年平均气温在未来不同时期较基准期普遍升高，增温幅度与RCP情景密切相关。RCP2.6情景假设辐射强迫在本世纪中叶达到峰值。与之相对应，全流域平均增温幅度由2020s期间的1.25℃，上升到2050s期间的峰值1.72℃，之后在2080s期间回落到1.63℃。RCP4.5是温室气体中等排放情景，气温虽然持续升高，但增幅速率有所减缓。全流域平均气温2050s与2020s相比增温0.98℃，2080s与2050s相比增幅下降到0.44℃。高温室气体排放情景RCP8.5的气温增幅明显高于其他情景，增温速率也更快，2050s与2020s相比增温1.63℃，2080s与2050s相比增温达到1.80℃。

表7.2　各子流域年平均气温在未来不同时期的变化量　单位：℃

流域分区	近期2020s			中期2050s			远期2080s		
	RCP2.6	RCP4.5	RCP8.5	RCP2.6	RCP4.5	RCP8.5	RCP2.6	RCP4.5	RCP8.5
金沙江区	1.32	1.41	1.46	1.77	2.40	3.15	1.66	2.87	5.00
岷沱江区	1.26	1.29	1.38	1.70	2.23	2.96	1.61	2.67	4.77
嘉陵江区	1.20	1.21	1.34	1.69	2.18	2.91	1.61	2.57	4.68
乌江区	1.12	1.13	1.23	1.63	2.08	2.77	1.57	2.50	4.46
上游干流区	1.13	1.13	1.25	1.65	2.11	2.83	1.59	2.52	4.56
全流域	1.25	1.30	1.38	1.72	2.28	3.01	1.63	2.72	4.81

从降水和气温在完整预估期（2011—2100年）线性趋势变化率（量）的空间分布来看，各网格点年降水量的增幅速率为1.5～20%/10a，增幅较大的区域分别位于江源地区、金沙江区中部以及嘉陵江区中部（四川盆地北部的阆中站附近）（图7.9）。年平均气温的增幅速率为0.06～0.67℃/10a（图7.10）。不同RCP情景下，增温速率的空间分布有一定差异。RCP2.6情景下，增幅较大的区域位于岷沱江区、嘉陵江区和上游干流区交界处（四川盆地南部重庆市附近），以及江源部分地区。RCP4.5情景下，江源地区增温速率超过四川盆地南部，金沙江区出现由西北向东南增温速率逐渐减慢的空间变化。RCP8.5情景下，川江流域的增温速率也由北向南逐渐减慢。总体而言，长江上游海拔最高的江源地区和海拔最低的四川盆地，降水和气温增幅速率较其他区域更快，是气候变化的敏感区。

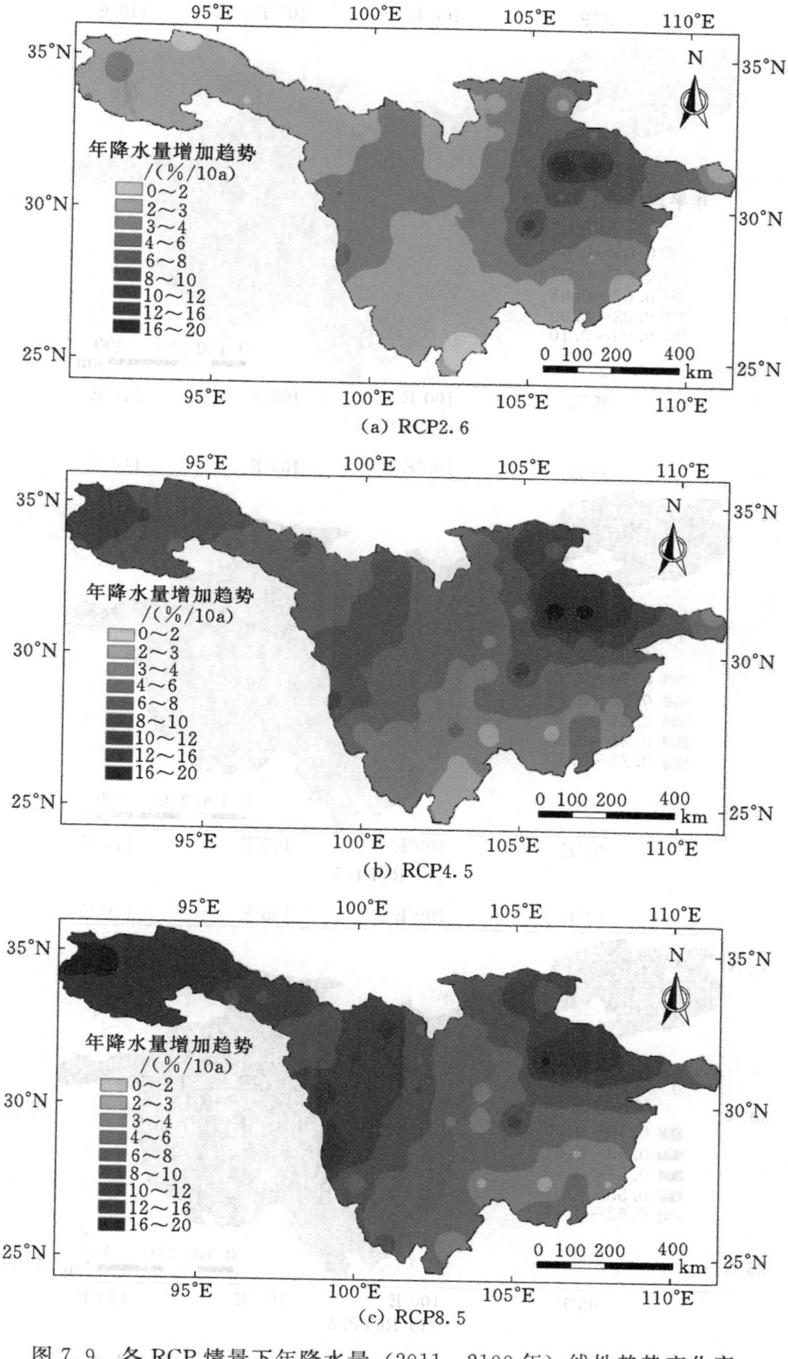

(a) RCP2.6

(b) RCP4.5

(c) RCP8.5

图 7.9 各 RCP 情景下年降水量（2011—2100 年）线性趋势变化率

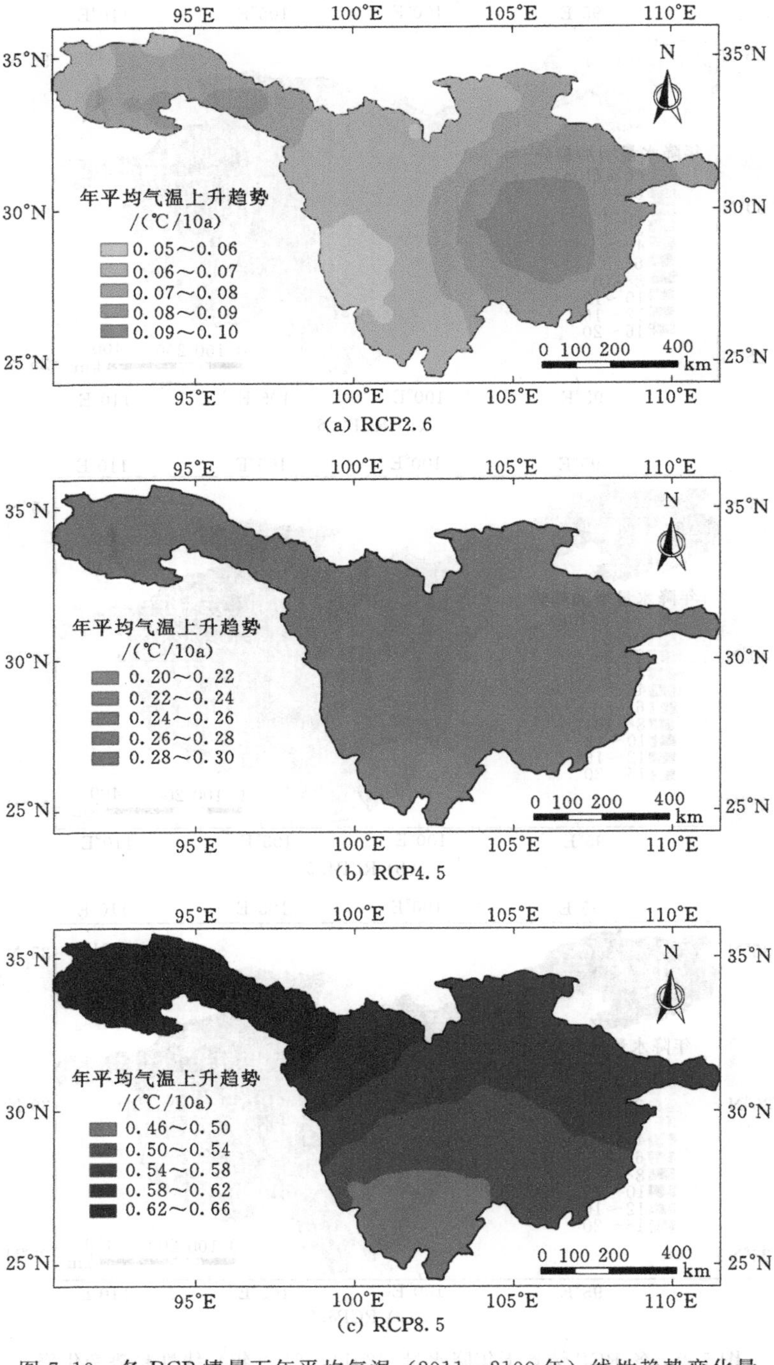

(a) RCP2.6

(b) RCP4.5

(c) RCP8.5

图 7.10　各 RCP 情景下年平均气温（2011—2100 年）线性趋势变化量

7.3 三峡入库径流量变化预估

7.3.1 月径流模型的率定与验证

采用两参数水量平衡模型（XGM）模拟长江上游五个子流域的径流变化过程。根据基准期（1961—1990 年）资料统计的各子流域水文特征值及月径流模型 XGM 的参数率定结果，见表 7.3。如 7.1.2 节所述，模型参数 C 通过调整实际蒸散发与潜在蒸散发的比例，控制水量平衡误差。从参数率定的角度出发，流域降雨径流系数越大，说明单位降水量的产流能力越强，实际蒸散发量就应适当减小，因此，参数 C 与降雨径流系数大致成反比例关系。参数 SC 表示在土壤几乎没有水分时流域的平均持水能力，一定程度上反映了下垫面的植被和土壤分布特征。从参数 SC 的空间分布来看，上游干流区的流域蓄水能力最强（1100mm），金沙江区和岷沱江区均为 700mm，嘉陵江区和乌江区在 500mm 左右。

表 7.3　长江上游各子流域的水文特征值及 XGM 参数率定结果

流域分区	水文测站	水文特征值					XGM 参数	
		流域面积 /万 km²	年降水量 /mm	年径流量 /mm	降雨径流系数	C	SC /mm	S_0 /mm
金沙江区	屏山	45.86	624	310	0.50	0.635	700	80
岷沱江区	高场、富顺	15.50	995	643	0.65	0.520	700	90
嘉陵江区	北碚	15.67	904	452	0.50	0.710	450	60
乌江区	武隆	8.30	1154	596	0.52	0.750	550	80
上游干流区（屏宜区间）	宜昌	15.21	1151	506	0.44	0.815	1100	135

图 7.11 给出了各子流域控制站月径流过程的拟合情况。其中，宜昌站的模拟径流是五个子流域的模拟径流之和。五个水文测站在两期的水量平衡误差（WBE）都控制在±3%以内。其中，高场站与富顺站之和、屏山站以及宜昌站的 Nash－Sutcliffe 效率系数（NSE）都超过了 90%，武隆站和北碚站的 NSE 稍低，在 85%左右，这可能与上游水库的调蓄作用有关。根据我国历年水力发电年鉴统计（中国水力发电工程学会，1949—2011）发现，1990 年以前宜昌以上建成装机 300MW 以上的大型水电站仅有嘉陵江区的白龙江碧口电站、乌江区的乌江渡电站、岷沱江区的大渡河龚嘴电站。其中，龚嘴电站的水库调节库容较小，为 0.96 亿 m^3。碧口和乌江渡均为季调节水库，调节库容分别达到 2.21 亿 m^3 和 13.5 亿 m^3，对下游的天然月径流量过程具有一定调节作用。因此，北碚站和武隆站的模拟精度略低于其他控制站。

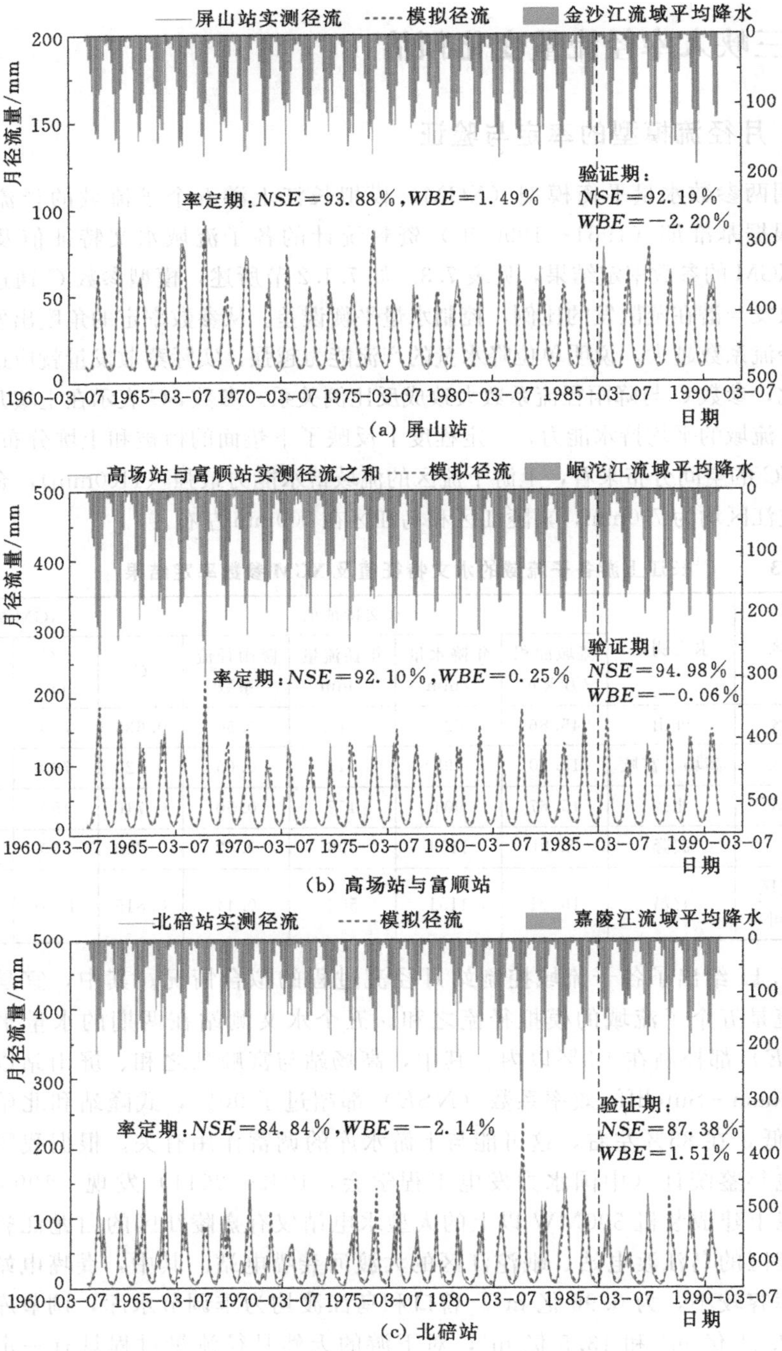

图 7.11（一） 模拟与实测月径流量过程对比

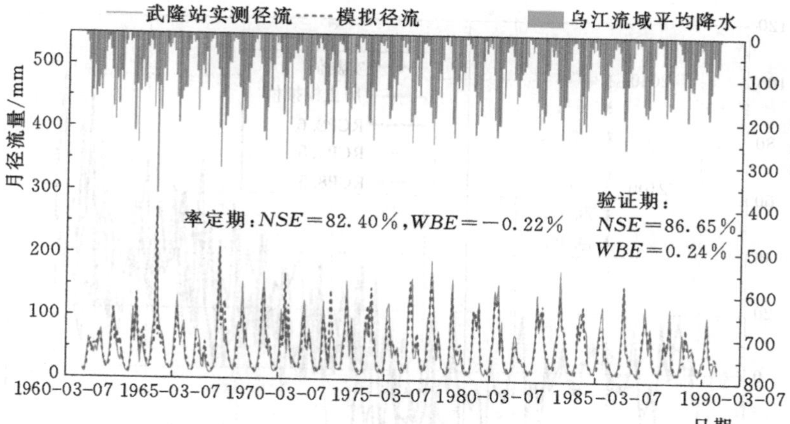

(d) 武隆站

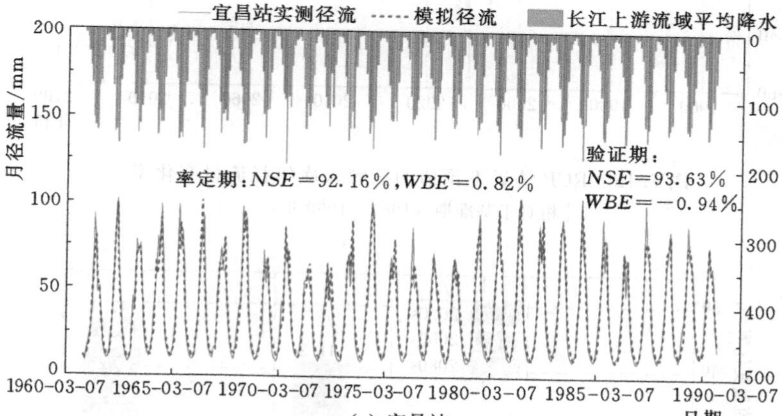

(e) 宜昌站

图 7.11（二）　模拟与实测月径流量过程对比

7.3.2　未来径流变化分析

由于历史基准期（1961—1990 年）的三峡入库月径流资料可以采用宜昌站资料代替，所以，以宜昌资料为基础构建的月径流模型也可用于预估气候变化对三峡入库天然径流过程的影响（Wang 等，2009b）。

对比图 7.12 与图 7.7 可以看出，未来三峡入库径流的年际变化过程与降水近似。大约在 2060 年以前，各 RCP 情景的径流变化都以上升趋势为主。2060 年以后，RCP2.6 情景下的年径流量渐趋平稳，RCP4.5 情景下的径流增幅趋缓，RCP8.5 情景下的径流仍然持续增加。与降水增幅相比，未来年径流量较基准期的增幅更高。按线性趋势统计，截至 2040 年三种情景的径流增幅为 4.8%～9.7%，2100 年达到 41.0%～59.1%。

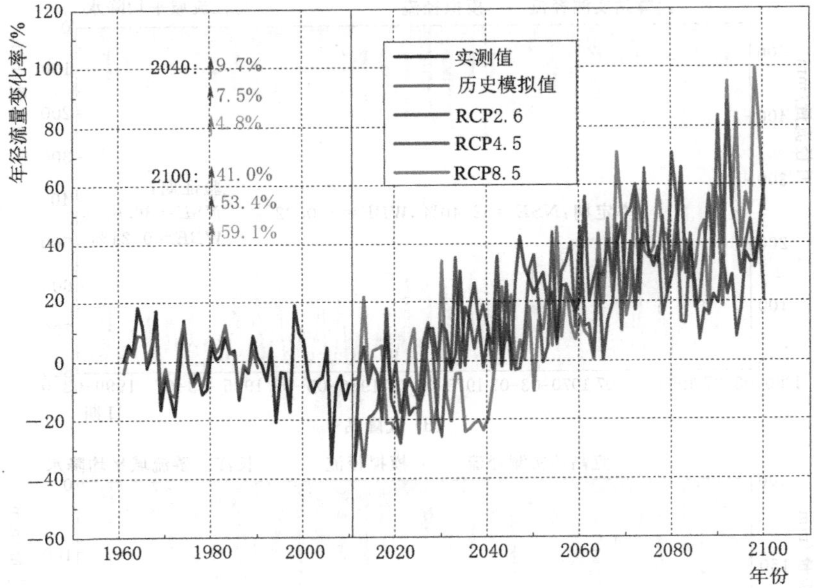

图 7.12　RCP 情景下预估的三峡入库年径流量变化率
［相对于基准期（1961—1990 年）］

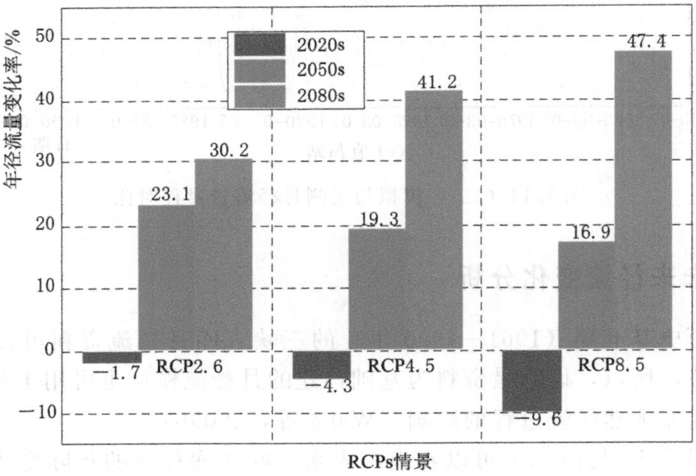

图 7.13　三峡入库年径流量在未来不同时期的变化率

图 7.13 进一步给出了径流在未来不同时期内的平均变化率。径流变化与全流域平均年降水量的变化方向一致，但变幅更大。三峡入库年径流量在近期（2020s）较基准期减少 1.7%～9.6%，中期（2050s）转变为增加

16.9%～23.1%，远期（2080s）增幅达到30.2%～47.4%。由此可见，未来30年内，三峡入库年径流量仍可能持续下降，降幅与RCP情景密切相关。若采取温室气体的低浓度排放策略RCP2.6，那么气候变化导致的年径流量降幅仅有1.7%，对发电效益影响有限。在中远期，年径流量增加是否有利于提高发电效益还需要进一步考虑其年内分配的变化情况。

如图7.14所示，与基准期相比，三峡入库径流的汛枯季分配格局没有明显变化。月径流量最大值集中出现在汛期的7月、8月，最小值位于枯季的2月或3月。然而，各月径流量的变幅差异明显。在中远期（2050s与2080s），径流增加主要集中在汛期的6—8月，其次发生在汛前水库消落期4、5两月，而汛后9、10两月增水并不明显。以中等排放情景RCP4.5为例，2050s的汛期径流量较基准期增加30.4%，2080s增加54.0%；汛前4、5两月的径流量

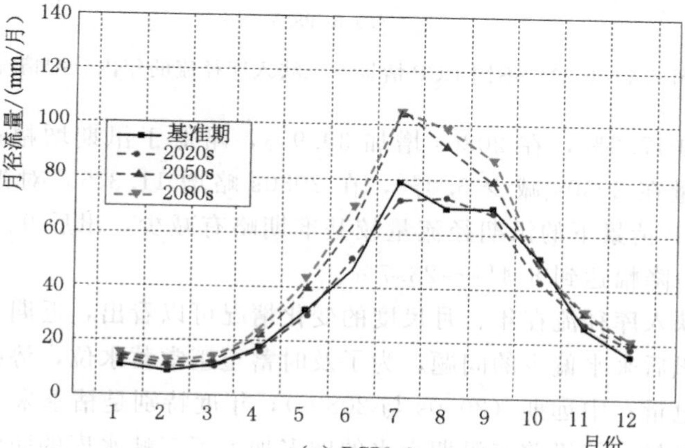

(a) RCP2.6

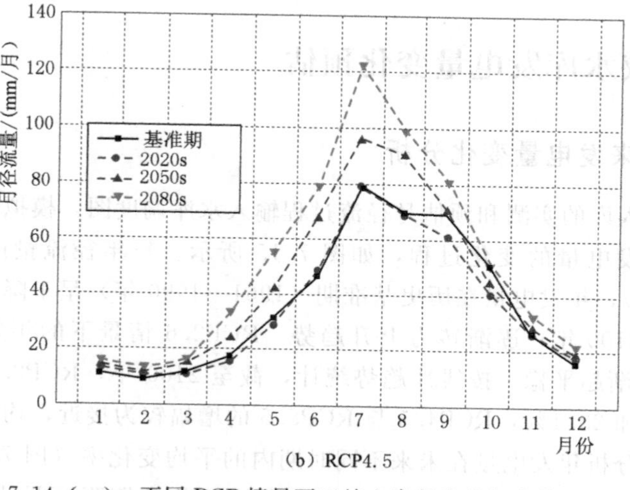

(b) RCP4.5

图7.14（一） 不同RCP情景下三峡入库径流的年内分配情况

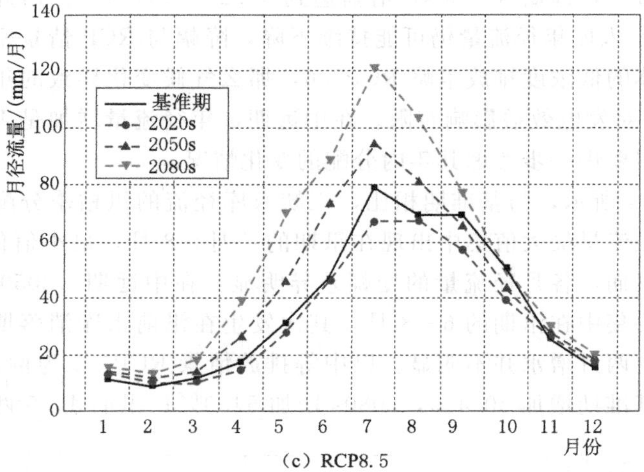

(c) RCP8.5

图 7.14（二）　不同 RCP 情景下三峡入库径流的年内分配情况

在 2050s 增加 17.3%，在 2080s 增加 39.9%，略低于汛期增幅；汛后 9、10 两月的径流量在 2050s 减少 5.0%，在 2080s 略增 11.3%。对近期（2020s）而言，各 RCP 情景下的汛期径流量较基准期略有减少，汛后 9、10 两月径流量明显下降，降幅达到 8.4%～23.7%。

综合三峡入库径流在年、月尺度的变化情况可以看出，近期（2020s），三峡主要面临汛后来水偏少的问题，为了及时蓄至正常蓄水位，势必降低汛后出力，减少发电量；中远期（2050s 与 2080s），年度特别是枯季来水增加应当有利于提高发电量，但汛前与汛期来水的增多加大了三峡水库的防洪压力。

7.4　三峡水库发电量变化预估

7.4.1　未来发电量变化分析

将三峡入库的实测和预估月径流过程输入水库调度图，模拟历史模拟期和未来三峡年发电量的变化过程，如图 7.15 所示。与年径流量的变化方向一致（图 7.12），年发电量在历史基准期（1961—1990 年）呈下降趋势，在预估期（2011—2100 年）逐渐转为上升趋势。RCP2.6 情景下的年发电量仍然在 2060 年以后渐趋平稳。按线性趋势统计，截至 2100 年，RCP2.6 的年发电量较基准期增加 23.1%，RCP4.5 与 RCP8.5 的增幅较为接近，均略高于 30%。

进一步分析年发电量在未来不同时期内的平均变化率（图 7.16），可以看出：近期（2020s）RCP2.6 情景的年发电量较基准期降幅最小（－1.9%），

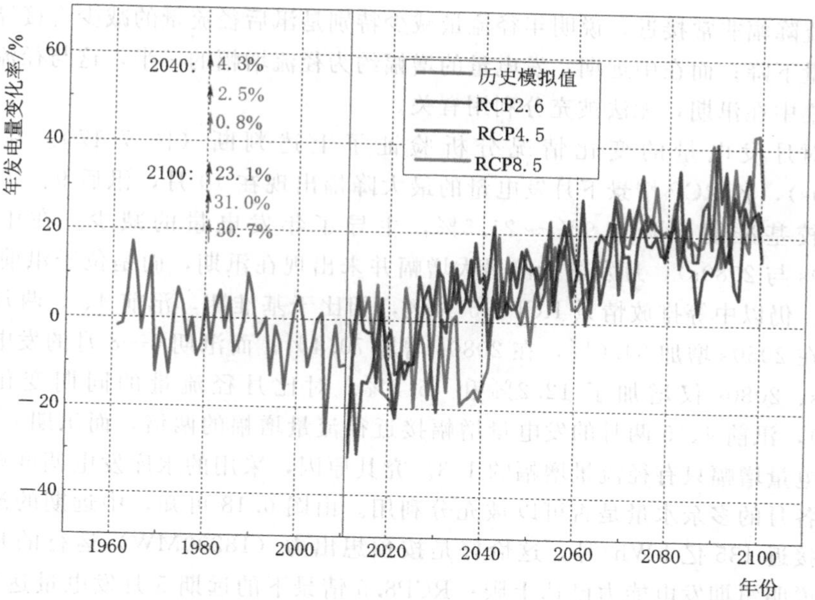

图 7.15 RCP 情景下预估的三峡年发电量变化率
［相对于基准期（1961—1990 年）］

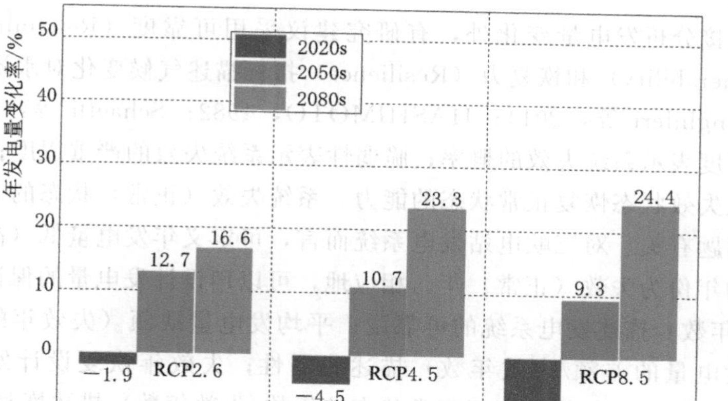

图 7.16 三峡年发电量在未来不同时期的变化率

RCP8.5 降幅最大（−8.0%）；中期（2050s）的状况正好相反，RCP2.6 情景的年发电量增幅最大（12.7%），RCP8.5 增幅最小（9.3%）；远期（2080s）RCP8.5 情景的年发电量增幅最大（24.4%），略高于 RCP4.5 情景（23.3%）。与不同时期的年径流量变化相比（图 6.14），近期年发电量的降幅与径流降幅非常接近，说明年径流量减少特别是汛后径流量的减少直接导致了发电量下降；而在中远期，发电量的增幅约为径流增幅的一半，这与径流增加主要集中在汛期，无法被充分利用有关。

对月发电量的变化情况分析验证了上述判断（图 7.17）。在近期（2020s），各 RCP 情景下月发电量的最大降幅出现在 10 月，汛后 9、10 两月合计较基准期下降 9.9%～21.5%，主导了年发电量的减少。在中远期（2050s 与 2080s），月发电量的最大增幅并未出现在汛期，而是位于汛前 4、5 两月。仍以中等排放情景 RCP4.5 为例，相比于基准期，汛前 4、5 两月的发电量在 2050s 增加 34.0%，在 2080s 增加 70.4%；而汛期 6—8 月的发电量在 2050s、2080s 仅增加了 12.2%和 15.2%。对比月径流量的同期变化（图 7.14），汛前 4、5 两月的发电量增幅接近径流量增幅的两倍，而汛期 6—8 月的发电量增幅只有径流量增幅的 1/3。究其原因，采用的水库发电调度规则决定了各月的多余水量是否可以被充分利用。由图 6.18 可知，中远期的汛期发电量接近 135 亿 kWh/月，这恰好是按预想出力（18200MW）运行的月发电量，说明汛期发电能力已达上限；RCP8.5 情景下的远期 5 月发电量达到 143 亿 kWh/月，这是由于调度规则允许汛前增加出力至装机容量（22500MW）的缘故。如果按装机容量运行，月最大发电量可达 167 亿 kWh/月，尚有一定增长空间。

除直接分析发电量变化外，有研究建议采用可靠度（Reliability）、脆弱性（Vulnerability）和恢复力（Resilience）指标描述气候变化对水资源系统的影响（Anghileri 等，2014；HASHIMOTO，1982；Schaefli 等，2007）。其中，可靠度表示系统失效的概率；脆弱性表示系统失效的严重程度；恢复力表示系统从失效状态恢复正常状态的能力。系统失效（正常）状态的定义与具体研究的问题有关。对三峡电站发电系统而言，可定义年发电量低（高）于设计发电量的年份为失效（正常）年。相应地，可以用设计发电量的保证率（正常年数/总年数）描述发电系统的可靠度；平均发电量缺额（失效年的发电量与设计年发电量的差额/失效年数）描述脆弱性；失效年恢复设计发电量的比例（当年失效后次年能够恢复正常状态的年数/失效年数）描述恢复力。

三峡单库运行时的设计年发电量为 884 亿 kWh（长江水利委员会长江勘测规划设计研究院，2004）。根据水库发电调度规则的计算成果统计，三峡在历史基准期（1961—1990 年）的平均年发电量为 942 亿 kWh，已经超过了设计水平；近期（2020s）发电量有所下降，但只在 RCP8.5 情景下的多年均值未达到设计水平；中远期（2050s 与 2080s）发电量高于基准期，大部分年份都达到或超过了设计水平。因此，表 7.4 仅给出了近期三峡水库发电运行指标的变化。可以看出，发电系统的各项指标都不如基准期，而且随着温室气体排

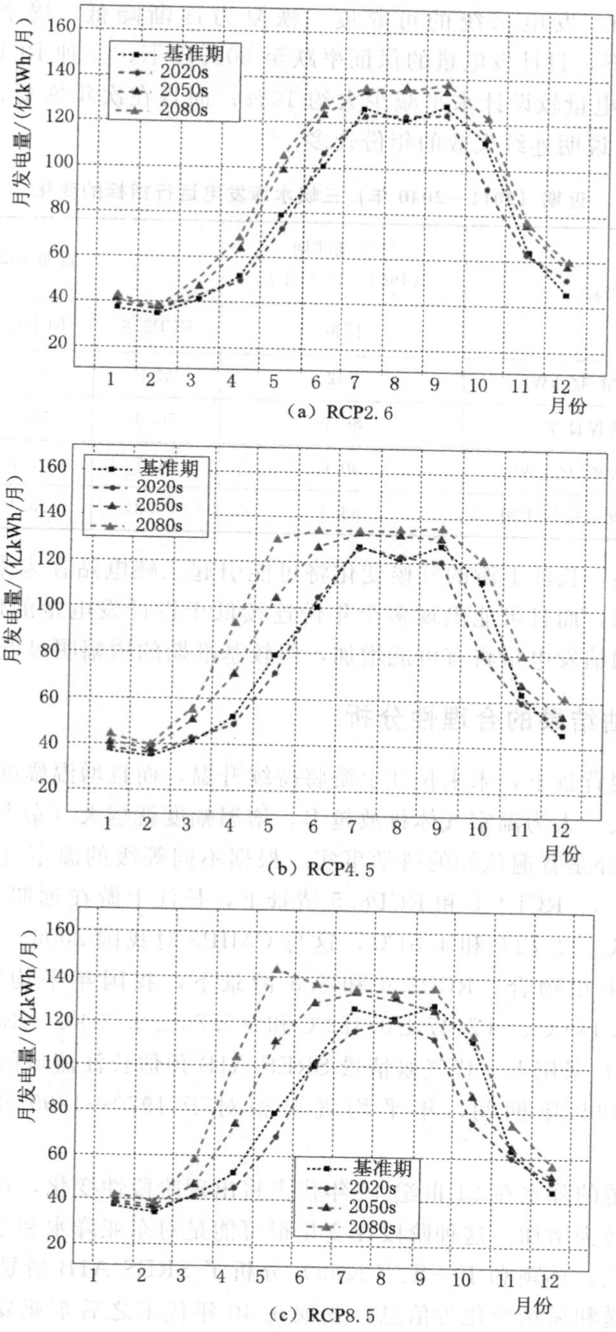

图 7.17 不同 RCP 情景下三峡水库发电量的年内分配情况

放浓度的增加，发电系统的可靠度、恢复力逐渐降低，脆弱性增加。在 RCP8.5 情景下，设计发电量的保证率跌至 50%以下；三种 RCP 情景在失效年份的平均发电量较设计水平减少大约 10%；而且在次年恢复正常的比例仅有 30%左右，说明连续失效的年份较多。

表 7.4　　近期（2011—2040 年）三峡水库发电运行指标的变化

评价指标	历史基准期（1961—1990 年）	近期 2020s		
	模拟	RCP2.6	RCP4.5	RCP8.5
平均年发电量/亿 kWh	942	923	899	866
设计发电量的保证率/%	80.0	70.0	56.7	46.7
平均发电量缺额/亿 kWh	30.6	81.7	91.8	96.7
失效年恢复设计发电量的比例/%	83.3	33.3	23.1	31.3

综上所述，长江上游的气候变化将可能引起三峡电站在未来 30 年的平均年发电量下降，而且可能出现多个年份连续低于设计发电量的情况。进入 21 世纪中叶，预估发电量将有可能增加，但较基准期的增幅明显低于径流增幅。

7.4.2　预估结果的合理性分析

全球变暖背景下，未来长江上游将持续升温，而且增温幅度与温室气体的排放浓度有关。人为温室气体排放越多，增温幅度就越大（秦大河和 Stocker，2014），这已经是普遍认知的科学事实。根据不同等级的温室气体排放浓度的设定，RCP2.6、RCP4.5 和 RCP8.5 情景下，长江上游在远期（2080s）将可能增温 1.63℃、2.72℃和 4.81℃，这与 CMIP5 对我国 2006—2099 年增温趋势的预估成果相吻合。RCP2.6 和 8.5 情景下，我国年平均气温将分别增加（0.87±0.14)℃、（2.47±0.48)℃和（5.85±0.73)℃（Sun 等，2015）。Gu 等（2015）采用上一代气候情景 SRES A1B 预估长江流域的增温变化也表明，2070—2099 年期间，年平均气温相对于 1970—1999 年期间大约增温 3.5℃。

长江上游的降水在 21 世纪 40 年代末将出现阶段性变化，在此之前略有减少，之后将转为增加。这种阶段性变化很可能是对东亚降水和季风环流未来演变特征的响应。孙颖和丁一汇（2009）分析了 SRES A1B 情景下东亚地区降水、水汽输送和风场变化等信息，发现在 40 年代末之后东亚夏季风得到全面加强，东亚大气中的水汽含量将会逐渐增加，进入中国东部地区的西南水汽输送也出现阶段性的增强。简而言之，降水增加与东亚季风环流的加强相对应，是气候变暖条件下动力和热力学因子共同作用的结果。Xu 等（2012）采用 CMIP5 中 18 个全球气候模式的集合平均数据集，绘制未来不同时期我国降水变化的空间分布图，结果显示：在中期（2050s）年降水量增幅大约为 10%，远期（2080s）大约增加 20%。Gu 等（2015）研究未来各季节降水量的变化也发现，长江上游春、夏季降水量增幅可能达到 30%。上述成果与本次研究发布的年降水量变幅（中期增加 13.7%～15.7%，远期增加 21.2%～37.0%）比较接近，但仍需要指出的是，气候模式的降水预估成果存在相当程度的不确定性。例如，Sun 等（2015）考虑不同气候模式的差异，发现 RCP8.5 情景下未来百年我国年降水量增幅均值约为 13.33%，但不确定度却达到 12.81%，与增幅均值处于同一数量级。因此，今后有必要进一步研究减少降水预估结果不确定性的有效途径，以提高预估成果的可靠性。

本次研究发现，近期（2020s）受到降水减少和气温升高的影响，三峡入库年径流量将继续减少。Zeng 等（2012）曾分析 SRES 系列情景下，宜昌站径流在 2011—2050 年期间的变化，也认为年径流量将呈非显著下降趋势。Ju 等（2014）更认为未来百年长江上游可能都将面临径流减少的不利局面。本次研究还发现，在中远期（2050s 与 2080s）三峡入库径流主要受到流域降水增多的控制，将可能转变为增加。郭生练等（2015）对长江上游年径流量变化方向的预估结果也支持上述观点。其研究采用了 CMIP5 中 BCC-CSM1-1 模式结合 RCP4.5 情景，发现未来百年长江上游除南岸的乌江径流减少外，其他子流域都以增水变化为主。但也应注意到，郭生练等（2015）认为年径流量增幅在 10%左右，与本次研究得出的中期径流增加 16.9%～23.1%，远期增加 30.2%～47.4%存在一定差异。由于两次研究采用的气候模式和径流预估模型均不相同，所以与降水预估类似，分析径流预估成果的不确定性也是亟须进一步开展的工作。

目前，对三峡水库发电量预估的研究还很少。Wang 等（2013）分析了我国水电装机容量最高的 9 个省份在 SRES 系列情景下的发电量变化，发现位于长江上游地区的四川、云南、贵州 3 个省份的年发电量在 2020 年和 2030 年两个预估期都明显低于多年均值。这在一定程度上验证了本次研究发现的三峡水库年发电量在近期（2020s）将出现较基准期偏少的情况。

7.5　小结

本章分析了 CMIP5 集合平均数据对长江上游气候要素的预估成果。其中，降水在近期（2020s）将延续历史序列的长期变化趋势，在金沙江区增多，川江流域减少，两者互补使全流域年降水量较基准期下降 1.7%～7.5%，中期（2050s）将会转为增加 13.7%～15.7%，远期（2080s）增加 21.2%～37.0%。气温则会持续上升，增温幅度与 RCP 情景密切相关。在温室气体低浓度排放情景下（RCP2.6），增温幅度可以控制在 2℃以内，在高浓度排放情景下（RCP8.5），21 世纪末的增温幅度可能超过 5℃。从降水和气温变化的地理分布来看，在海拔最高的江源地区和海拔最低的四川盆地，增幅速率最快，是气候变化的敏感区。

降水变化主导了三峡入库径流的变化方向，年径流量在近期较基准期减少 1.7%～9.6%，中期增加 16.9%～23.1%，远期增加 30.2%～47.4%。月径流量变化方面，近期在汛后水库蓄水期 9、10 两月的降幅最为明显；中远期径流增加则主要集中在汛期 6—8 月及汛前水库消落期 4、5 两月。

近期，受年径流量特别是汛后径流量下降的影响，三峡电站的年发电量将比基准期减少 1.9%～8.0%，而且可能连续多年低于设计发电量。中远期，汛前来水增加对发电量增益明显，但受到防洪库容和预想出力限制，汛期增水难以被充分利用，汛期发电量增加有限，年发电量增幅仅有年径流量增幅的一半。

从适应气候变化影响的角度来看，尽早采取温室气体减排措施，使温室气体排放浓度控制在较低水平有利于保障三峡电站的发电效益。在 RCP2.6 情景下，近期的发电量损失最小，设计发电量的保证率最高，而且中期的发电量增幅最大。如果全球气候发展至 RCP8.5 情景，虽然发电量增幅高于其他情景，但考虑到汛期来水增幅明显，对保障水库及下游的防洪安全十分不利。

第8章 结　语

三峡工程是目前全球装机容量最大的水电站，其发电能力与入库径流的变化密切相关。实测资料表明，自建库以来，三峡年度来水比初步设计期明显偏少。随着气候变化对水资源影响的加剧以及长江上游水资源开发利用强度的增加，亟须回答三峡来水减少应如何归因、这一变化趋势是否会持续、未来径流变化将如何影响发电效益等一系列问题，既对全面认识流域水文循环演变规律具有重要的科学价值，又为制定区域水资源管理政策、气候变化适应性策略等提供科学的决策支持。因此，本书以改进气候变化的趋势检验技术为切入点，分析了近百年来长江上游气候要素的长期变化趋势，揭示了三峡来水减少的成因机制，并采用最新的全球气候模式输出成果，预估了未来三峡水库的来水和发电量的演变情势，取得了以下主要成果。

(1) 研究发现运用传统的 Mann - Kendall 和 Spearman 检验法分析水文气象序列的趋势显著性，由于未考虑序列自相关性的影响，极易导致趋势误判。因此，本书提出了一种新的考虑方差修正的预置白趋势检验方法（VCPW）。新方法有效减少了水文气象序列的一阶自相关性所引起的趋势误判。与其他改进技术相比，VCPW 具备较强的检验能力，且运算步骤简捷，用于包含大量水文气象站点的区域趋势检验问题十分方便。

(2) 研究发现采用预置白方法从原始序列中剔除错误的自相关结构也可能引起趋势误判。为克服该难题，本书又建议了一种新的基于统计量方差校正的 Spearman 秩次相关检验方法（VC - SR）。新方法无需识别序列的自相关结构，也就减少了结构识别错误所导致的趋势误判，适合处理高阶自相关序列。与现有统计量方差校正方法相比，VC - SR 的计算效率明显提高，同时保持了较强的检验能力，为准确评估自相关水文气象序列的趋势变化显著性提供了新的技术手段。

(3) 本书进一步解析了自相关结构的两类组成，长-短持续性结构对趋势检验性能的影响。以新近提出的 Sen 趋势分析方法为研究对象，推导出融合长-短持续性结构特征的 Sen 趋势检验统计量，并提出了区分长-短持续性结构的实用办法，使 Sen 方法适用于自相关水文气象要素的趋势诊断。Sen 方法的优点在于能够直观呈现序列内部在高、中、低值区的分级趋势。本书对 Sen 方法适用领域的拓展，有利于发挥其优势性能，及时掌握洪水、干旱等极端事件的变化情势。

(4) 在 VC-SR 方法基础上，进一步构建能够同时考虑自、互相关性影响的区域 Spearman 秩次相关检验统计量，成功刻画了水文气象要素的时空相关性对区域统计量方差的缩放作用，为区域趋势诊断提供了更加稳健的分析手段。

(5) 对近百多年（1901—2011 年）三峡水库来水、长江上游降水、气温和潜在蒸散发量的区域趋势诊断结果表明：①相比于流域保持天然状态的时期（1901—1950 年），年径流量在 1951—1990 年期间仅减少了 2.5%，在 1991—2011 年期间显著减少了7.9%。②全球变暖背景条件下，长江上游的年平均气温和潜在蒸散发量确实呈上升趋势，但在近百年时间尺度并不显著。目前对长江上游气候变化特征的认识主要基于 1960 年以后的气象观测资料，该期间气温和蒸散发量的上升趋势显著，但最大值尚未超过 20 世纪 40 年代的历史极值。③近百年来全流域年降水量变化不显著，但空间差异明显，在金沙江区显著增加，在川江流域略有减少。

(6) 揭示了三峡入库径流减少的成因机制。研究发现：1901 年以来，气候变化与人类活动对三峡来水减少趋势的影响持续增强。1950 年以后，人类活动的贡献成为年径流量减少的重要因素。1990 年以后，人类活动对年径流量减少的贡献率达到 61.6%～71.2%。长江上游工农业耗水增加、水库初期蓄水及水库蒸发是人类活动因素中导致年径流量减少的主要原因，贡献率约 85%。气候因素中，降水减少是主因，贡献率约为 83%。

(7) 定量预估了未来人类活动与气候变化情景下，三峡水库发电量的变化趋势。发现在人类活动影响下，上游水库的调蓄作用可以基本补偿未来流域水资源开发利用程度增加所引起的三峡水库发电量损失。发现在未来气候变化情景下，三峡年发电量将可能出现“先减后增”的重要变化特征。结果表明：三峡电站在近期（2040 年前）面临发电量减少的问题，较基准期（1961—1990 年）减少 1.9%～8.0%，而且可能连续多年低于设计发电量。中远期（2041—2100 年）气候变化将可能带来发电量增益，估计年发电量将较基准期增加 9.3%～24.4%，但可能伴随汛期来水的大幅增加，威胁水库及下游的防洪安全。

从应对气候变化对发电效益的影响角度出发，控制温室气体排放浓度在较低水平，有利于减少未来 30 年的发电损失。优化三峡与上游大型水库的联合调度机制，充分发挥上游水库的调蓄作用，既有利于减少发电损失，又能够提高三峡水库的防洪能力，积极应对汛期防洪压力加大的不利局面。

本书提出了一系列新的趋势诊断方法，并结合水文模型和气候模式预估成果，尝试多角度解析三峡水库来水变化的趋势、成因及其对水库发电量的影响。但必须认识到，长江上游的水文循环是多重物理机制和人类活动交织作用下形成的复杂巨大系统。本书内容可为深入探究该区域气候-水资源-能源等多要素的复杂互馈机制提供初步认识和技术方法参考。还有不少工作者待日后继续深入研究。

对三峡来水减少成因的研究可进一步考虑土地利用变化的贡献，以及成因分析结果的不确定性。实际上，农田灌溉面积和植被覆盖的增加也会导致径流减少，城市化发展则会引起径流增加。随着土地利用资料不断丰富和完善，可进一步构建分布式水文模型评价土地利用变化对径流的影响。此外，定量区分气候因素和人类活动的贡献率还存在一定的不确定性，这与成因分析方法的几项基本假设有关：一是假设在基准期流域保持天然状态，而事实上不可能完全排除人类活动的影响；二是假设气候变化和人类活动对径流的影响相互独立，其实两者存在复杂的反馈机制，众所周知，正是人为排放温室气体主导了气候变暖；三是假设成因分析方法模拟的径流就是天然径流，然而弹性系数法、回归分析法和水文模型法等都不可避免地包含模型结构和参数误差，影响天然径流的模拟精度。因此，在定量分析基础上，还应继续探究径流变化成因的复杂机制，深入调查流域的开发利用状况以求更为准确地解释人类活动影响的具体组成。引入新的描述下垫面情况的高精度卫星遥感数据、综合多种成因分析方法的结果也是提高成因分析准确性的有效途径。

评估三峡水库发电效益对气候变化的响应还可考虑水库满足其他综合效益对发电所产生的影响，并加强评价结果不确定性的研究。水库的发电效益除了直接受到来水影响外，还与其他用水部门（防洪、灌溉、航运、渔业等）的需求变化有关。降水减少不仅会直接减少水库来水，还会引起灌溉、生活等用水需求的增加，减少电站的可利用水量。洪水频率增多可能增加上游山体滑坡的概率，携带更多泥沙淤积水库，减小库容，影响水库的调节能力。这些间接因素没有来水变化影响明显，但在某些时段可能加剧发电能力的下降。另外，基于 GCM 评价气候变化对水资源系统的影响还可考虑 GCM 输出结果、气候情景、降尺度技术、水文模型的结构与参数等因素的不确定性；对发电量评价而言，还包括水库调度方式的不确定性。其中，不同 GCM 的结构差异可能是不确定性的最主要来源。

研究气候变化对三峡水库的发电量及其他综合利用效益的影响，科学制定减缓不利影响的适应性策略还有不少值得探索和深究的科学问题和方法。持续开展相关研究工作，探寻一条适应变化环境，大中型水利工程高效运行之道是我国水利工作者值得孜孜以求的方向之一。

参考文献

Ahn, K. H. , Merwade, V. , 2014. Quantifying the relative impact of climate and human activities on streamflow. Journal of Hydrology, 515: 257 - 266. DOI: 10. 1016/j. jhydrol. 2014. 04. 062

Anghileri, D. , Pianosi, F. , Soncini - Sessa, R. , 2014. Trend detection in seasonal data: from hydrology to water resources. Journal of Hydrology, 511: 171 - 179. DOI: 10. 1016/ j. jhydrol. 2014. 01. 022

Ashfaq, M. , Bowling, L. C. , Cherkauer, K. , Pal, J. S. , Diffenbaugh, N. S. , 2010. Influence of climate model biases and daily - scale temperature and precipitation events on hydrological impacts assessment: A case study of the United States. Journal of Geophysical Research, 115 (D14) . DOI: 10. 1029/2009jd012965

Bai, P. , Liu, X. M. , Liang, K. , Liu, C. M. , 2015. Comparison of performance of twelve monthly water balance models in different climatic catchments of China. Journal of Hydrology, 529: 1030 - 1040. DOI: 10. 1016/j. jhydrol. 2015. 09. 015

Bayazit, M. , Önöz, B. , 2007. To prewhiten or not to prewhiten in trend analysis? Hydrological Sciences Journal, 52 (4): 611 - 624. DOI: 10. 1623/hysj. 52. 4. 611

Beyene, T. , Lettenmaier, D. P. , Kabat, P. , 2010. Hydrologic impacts of climate change on the Nile River Basin: implications of the 2007 IPCC scenarios. Climatic Change, 100 (3 - 4): 433 - 461. DOI: 10. 1007/s10584 - 009 - 9693 - 0

Blain, G. C. , 2013. The Mann - Kendall test the need to consider the interaction between serial correlation and trend. Acta Scientiarum - Agronomy, 36 (4): 393 - 402.

Carless, D. , Whitehead, P. G. , 2013. The potential impacts of climate change on hydropower generation in Mid Wales. Hydrology Research, 44 (3): 495 - 505. DOI: 10. 2166/nh. 2012. 012

Chen, J. et al. , 2014. Variability and trend in the hydrology of the Yangtze River, China: Annual precipitation and runoff. Journal of Hydrology, 513: 403 - 412. DOI: 10. 1016/ j. jhydrol. 2014. 03. 044

Cohn, T. A. , Lins, H. F. , 2005. Nature's style: Naturally trendy. Geophysical Research Letters, 32 (23) . DOI: 10. 1029/2005gl024476

de Wit, M. , Stankiewicz, J. , 2006. Changes in surface water supply across Africa with predicted climate change. Science, 311 (5769): 1917—1921. DOI: 10. 1126/science. 1119929

Douglas, E. M. , Vogel, R. M. , Kroll, C. N. , 2000. Trends in floods and low flows in the United States: impact of spatial correlation. Journal of Hydrology, 240 (1 - 2): 90 - 105. DOI: 10. 1016/s0022 - 1694 (00) 00336 - x

Ehret, U. , Zehe, E. , Wulfmeyer, V. , Warrach - Sagi, K. , Liebert, J. , 2012.

"Should we apply bias correction to global and regional climate model data?". Hydrology and Earth System Sciences, 16 (9): 3391-3404. DOI: 10.5194/hess-16-3391-2012

Franchini, M., 1996. Use of a genetic algorithm combined with a local search method for the automatic calibration of conceptual rainfall-runoff models. Hydrol. Sci. J. -J. Sci. Hydrol., 41 (1): 21-39. DOI: 10.1080/02626669609491476

Gemmer, M., Jiang, T., Su, B., Kundzewicz, Z. W., 2008. Seasonal precipitation changes in the wet season and their influence on flood/drought hazards in the Yangtze River Basin, China. Quaternary International, 186 (1): 12-21. DOI: 10.1016/j.quaint.2007.10.001

Gu, H. H. et al., 2015. Impact of climate change on hydrological extremes in the Yangtze River Basin, China. Stochastic Environmental Research and Risk Assessment, 29 (3): 693-707. DOI: 10.1007/s00477-014-0957-5

Guo, S. L., Wang, J. X., Xiong, L. H., Ying, A. W., Li, D. F., 2002. A macro-scale and semi-distributed monthly water balance model to predict climate change impacts in China. Journal of Hydrology, 268 (1-4): 1-15. DOI: 10.1016/s0022-1694(02)00075-6

Hamed, K. H., 2008. DISCUSSION of "To prewhiten or not to prewhiten in trend analysis?". Hydrological Sciences Journal, 53 (3): 667-668. DOI: 10.1623/hysj.53.3.667

Hamed, K. H., 2009. Enhancing the effectiveness of prewhitening in trend analysis of hydrologic data. Journal of Hydrology, 368 (1-4): 143-155. DOI: 10.1016/j.jhydrol.2009.01.040

Hamed, K. H., 2014. The distribution of Spearman's rho trend statistic for persistent hydrologic data. Hydrological Sciences Journal: DOI: 10.1080/02626667.2014.968573

Hamed, K. H., Rao, A. R., 1998. A modified Mann-Kendall trend test for autocorrelated data. Journal of Hydrology, 204 (1-4): 182-196.

Hamududu, B., Killingtveit, A., 2012. Assessing Climate Change Impacts on Global Hydropower. Energies, 5 (12): 305-322. DOI: 10.3390/en5020305

Harris, I., Jones, P. D., Osborn, T. J., Lister, D. H., 2014. Updated high-resolution grids of monthly climatic observations-the CRU TS3.10 Dataset. International Journal of Climatology, 34 (3): 623-642. DOI: 10.1002/joc.3711

Harrison, G. P., Whittington, H. B. W., 2002. Susceptibility of the Batoka Gorge hydroelectric scheme to climate change. Journal of Hydrology, 264: 230-241.

Hartmann, H., Becker, S., Jiang, T., 2012. Precipitation variability in the Yangtze River subbasins. Water International, 37 (1): 16-31. DOI: 10.1080/02508060.2012.644926

Hashimoto, T., 1982. Reliability, Resiliency, and vulnerability criteria for water resource system performance evaluation. Water resources Research, 18 (1): 14-20.

Huang, H., Yan, Z., 2009. Present situation and future prospect of hydropower in China. Renewable and Sustainable Energy Reviews, 13 (6-7): 1652-1656. DOI: 10.1016/j.rser.2008.08.013

Iliopoulou, T., Papalexiou, S.M., Markonis, Y., Koutsoyiannis, D., 2018. Revisiting long - range dependence in annual precipitation. Journal of Hydrology, 556: 891 - 900. DOI: 10. 1016/j. jhydrol. 2016. 04. 015

Jia - kun, L., 2012. Research on Prospect and Problem for Hydropower Development of China. Procedia Engineering, 28: 677 - 682. DOI: 10. 1016/j. proeng. 2012. 01. 790

Jiang, S. H. et al., 2011. Quantifying the effects of climate variability and human activities on runoff from the Laohahe basin in northern China using three different methods. Hydrological Processes, 25 (16): 2492 - 2505. DOI: 10. 1002/hyp. 8002

Jiang, T. et al., 2007. Comparison of hydrological impacts of climate change simulated by six hydrological models in the Dongjiang Basin, South China. Journal of Hydrology, 336 (3 - 4): 316 - 333. DOI: 10. 1016/j. jhydrol. 2007. 01. 010

Jiang, T., Kundzewicz, Z. W., Su, B., 2008. Changes in monthly precipitation and flood hazard in the Yangtze River Basin, China. International Journal of Climatology, 28 (11): 1471 - 1481. DOI: 10. 1002/joc. 1635

Johnson, F., Sharma, A., 2012. A nesting model for bias correction of variability at multiple time scales in general circulation model precipitation simulations. Water Resources Research, 48. DOI: 10. 1029/2011wr010464

Johnson, F., Sharma, A., 2015. What are the impacts of bias correction on future drought projections? Journal of Hydrology, 525: 472 - 485. DOI: 10. 1016/j. jhydrol. 2015. 04. 002

Ju, Q. et al., 2014. Response of Hydrologic Processes to Future Climate Changes in the Yangtze River Basin. J. Hydrol. Eng., 19 (1): 211 - 222. DOI: 10. 1061/ (asce) he. 1943 - 5584. 0000770

Kendall, M. G., 1955. Rank Correlation Methods, chapter 5. Charles Griffin, London.

Khaliq, M. N., Ouarda, T. B. M. J., Gachon, P., Sushama, L., 2008. Temporal evolution of low - flow regimes in Canadian rivers. Water Resources Research, 44 (8). DOI: 10. 1029/2007wr006132

Khaliq, M. N., Ouarda, T. B. M. J., Gachon, P., Sushama, L., St - Hilaire, A., 2009. Identification of hydrological trends in the presence of serial and cross correlations: A review of selected methods and their application to annual flow regimes of Canadian rivers. Journal of Hydrology, 368 (1 - 4): 117 - 130. DOI: 10. 1016/j. jhydrol. 2009. 01. 035

Koutsoyiannis, D., 2002. The Hurst phenomenon and fractional Gaussian noise made easy. Hydrological Sciences Journal, 47 (4): 573 - 595.

Koutsoyiannis, D., 2003. Climate change, the Hurst phenomenon, and hydrological statistics. Hydrological Sciences Journal, 48 (1): 3 - 24. DOI: 10. 1623/hysj. 48. 1. 3. 43481

Koutsoyiannis, D., 2006. Nonstationarity versus scaling in hydrology. Journal of Hydrology, 324 (1 - 4): 239 - 254. DOI: 10. 1016/j. jhydrol. 2005. 09. 022

Koutsoyiannis, D., 2013. Hydrology and change. Hydrological Sciences Journal, 58 (6): 1177 - 1197. DOI: 10. 1080/02626667. 2013. 804626

Lehner, B., Czisch, G., Vassolo, S., 2005. The impact of global change on the hydropower potential of Europe: a model - based analysis. Energy Policy, 33 (7): 839 - 855. DOI: 10. 1016/j. enpol. 2003. 10. 018

Lettenmaier, D. P., 1976. Detection of Trends in Water Quality Data From Records With

Dependent Observations. Water Resources Research, 12 (5): 1037 - 1046.

Li, D., Wang, W., Hu, S., Li, Y., 2012. Characteristics of annual runoff variation in major rivers of China. Hydrological Processes, 26 (19): 2866 - 2877. DOI: 10.1002/hyp.8361

Li, J. et al., 2018. Innovative trend analysis of main agriculture natural hazards in China during 1989 - 2014. Natural Hazards, 95 (3): 677 - 720. DOI: 10.1007/s11069 - 018 - 3514 - 6

Li, S., Xiong, L., Dong, L., Zhang, J., 2013. Effects of the Three Gorges Reservoir on the hydrological droughts at the downstream Yichang station during 2003—2011. Hydrological Processes, 27 (26): 3981 - 3993. DOI: 10.1002/hyp.9541

Ling, H. B., Xu, H. L., Fu, J. Y., 2014. Changes in intra - annual runoff and its response to climate change and human activities in the headstream areas of the Tarim River Basin, China. Quaternary International, 336: 158 - 170. DOI: 10.1016/j.quaint.2013.08.003

Liu, X., Luo, Y., Zhang, D., Zhang, M., Liu, C., 2011. Recent changes in pan - evaporation dynamics in China. Geophysical Research Letters, 38 (13): n/a - n/a. DOI: 10.1029/2011gl047929

Liu, X. M., Liu, C. M., Luo, Y. Z., Zhang, M. H., Xia, J., 2012. Dramatic decrease in streamflow from the headwater source in the central route of China's water diversion project: Climatic variation or human influence? J. Geophys. Journal of Geophysical Research, 117. DOI: 10.1029/2011jd016879

Lu, S. L. et al., 2015. Quantifying impacts of climate variability and human activities on the hydrological system of the Haihe River Basin, China. Environ. Earth Sci., 73 (4): 1491 - 1503. DOI: 10.1007/s12665 - 014 - 3499 - 8

Ma, H. A., Yang, D. W., Tan, S. K., Gao, B., Hu, Q. F., 2010. Impact of climate variability and human activity on streamflow decrease in the Miyun Reservoir catchment. Journal of Hydrology, 389 (3 - 4): 317 - 324. DOI: 10.1016/j.jhydrol.2010.06.010

Markoff, M. S., Cullen, A. C., 2007. Impact of climate change on Pacific Northwest hydropower. Climatic Change, 87 (3 - 4): 451 - 469. DOI: 10.1007/s10584 - 007 - 9306 - 8

Markonis, Y. et al., 2018. Global estimation of long - term persistence in annual river runoff. Advances in Water Resources, 113: 1 - 12. DOI: 10.1016/j.advwatres.2018.01.003

Matalas, N. C., Sankarasubramanian, A., 2003. Effect of persistence on trend detection via regression. Water Resources Research, 39 (12): 1342. DOI: 10.1029/2003wr002292

Maurer, E. P., Adam, J. C., Wood, A. W., 2009. Climate model based consensus on the hydrologic impacts of climate change to the Rio Lempa basin of Central America. Hydrology and Earth System Sciences, 13 (2): 183 - 194.

Mehrotra, R., Sharma, A., 2015. Correcting for systematic biases in multiple raw GCM variables across a range of timescales. Journal of Hydrology, 520: 214 - 223. DOI: 10.1016/j.jhydrol.2014.11.037

Mideksa, T. K., Kallbekken, S., 2010. The impact of climate change on the electricity market: A review. Energy Policy, 38 (7): 3579 - 3585. DOI: 10.1016/j.enpol.

2010. 02. 035

Milly, P. C. D. et al., 2008. Stationarity Is Dead: Whither Water Management? Science, 319 (5863): 573 - 574. DOI: 10. 1126/science. 1151915

Mimikou, M. A., Baltas, E. A., 1997. Climate change impacts on the reliability of hydroelectric energy production. Hydrological Sciences Journal, 42 (5): 661 - 678. DOI: 10. 1080/02626669709492065

Montanari, A., Rosso, R., Taqqu, M. S., 1997. Fractionally differenced ARIMA models applied to hydrologic time series: Identification, estimation, and simulation. Water Resources Research, 33 (5): 1035 - 1044. DOI: 10. 1029/97wr00043

Mudelsee, M., Borngen, M., Tetzlaff, G., Grunewald, U., 2003. No upward trends in the occurrence of extreme floods in central Europe. Nature, 425 (6954): 166 - 169. DOI: http://www. nature. com/nature/journal/v425/n6954/suppinfo/nature01928_S1. html

Mukheibir, P., 2013. Potential consequences of projected climate change impacts on hydroelectricity generation. Climatic Change, 121 (1): 67 - 78. DOI: 10. 1007/s10584 - 013 - 0890 - 5

Noguchi, K., Gel, Y. R., Duguay, C. R., 2011. Bootstrap - based tests for trends in hydrological time series, with application to ice phenology data. Journal of Hydrology, 410 (3 - 4): 150 - 161. DOI: 10. 1016/j. jhydrol. 2011. 09. 008

Ojha, R., Kumar, D. N., Sharma, A., Mehrotra, R., 2013. Assessing Severe Drought and Wet Events over India in a Future Climate Using a Nested Bias - Correction Approach. J. Hydrol. Eng., 18 (7): 760 - 772. DOI: 10. 1061/ (asce) he. 1943 - 5584. 0000585

Önöz, B., Bayazit, M., 2012. Block bootstrap for Mann - Kendall trend test of serially dependent data. Hydrological Processes, 26 (23): 3552 - 3560. DOI: 10. 1002/hyp. 8438

Piao, S. L. et al., 2003. Interannual variations of monthly and seasonal normalized difference vegetation index (NDVI) in China from 1982 to 1999. J. Geophys. Res. - Journal of Geophysical Research, 108 (D14). DOI: 10. 1029/2002jd002848

Radziejewski, M., Bardossy, A., Kundzewicz, Z. W., 2000. Detection of change in river flow using phase randomization. Hydrological Sciences Journal, 45 (4): 547 - 558. DOI: 10. 1080/02626660009492356

Ren, L. L., Wang, M. R., Li, C. H., Zhang, W., 2002. Impacts of human activity on river runoff in the northern area of China. Journal of Hydrology, 261 (1 - 4): 204 - 217. DOI: 10. 1016/s0022 - 1694 (02) 00008 - 2

Renard, B. et al., 2008. Regional methods for trend detection: Assessing field significance and regional consistency. Water Resources Research, 44 (8). DOI: 10. 1029/2007wr006268

Rivard, C., Vigneault, H., 2009. Trend detection in hydrological series: when series are negatively correlated. Hydrological Processes, 23 (19): 2737 - 2743. DOI: 10. 1002/hyp. 7370

Rosenberry, D. O., Winter, T. C., Buso, D. C., Likens, G. E., 2007. Comparison of 15 evaporation methods applied to a small mountain lake in the northeastern USA. Journal of Hydrology，340（3－4）：149－166. DOI：10.1016/j.jhydrol.2007.03.018

Rougé，C.，Ge，Y.，Cai，X.，2013. Detecting gradual and abrupt changes in hydrological records. Advances in Water Resources，53：33－44. DOI：10.1016/j.advwatres.2012.09.008

Salas，J.D.，1993. Analysis and modeling of hydrologic time series. In：Maidment，D.R.（Ed.），Handbook of Hydrology. McGRAW－HILL，INC.，New York，NY，USA，pp.19.1－19.72.

Salas，J.D.，Obeysekera，J.，2014. Revisiting the Concepts of Return Period and Risk for Nonstationary Hydrologic Extreme Events. J. Hydrol. Eng.，19（3）：554－568. DOI：10.1061/（asce）he.1943－5584.0000820

Schaeffer，R. et al.，2012. Energy sector vulnerability to climate change：A review. Energy，38（1）：1－12. DOI：10.1016/j.energy.2011.11.056

Schaefli，B.，Hingray，B.，Musy，A.，2007. Climate change and hydropower production in the Swiss Alps：quantification of potential impacts and related modelling uncertainties. Hydrology and Earth System Sciences，11（3）：1191－1205.

Sen，Z.，2012. Innovative Trend Analysis Methodology. J. Hydrol. Eng.，17（9）：1042－1046. DOI：10.1061/（asce）he.1943－5584.0000556

Sen，Z.，2017. Innovative trend significance test and applications. Theoretical and Applied Climatology，127（3－4）：939－947. DOI：10.1007/s00704－015－1681－x

Serinaldi，F.，Kilsby，C.，2016. The importance of prewhitening in change point analysis under persistence. Stochastic Environmental Research and Risk Assessment，30：763－777. DOI：10.1007/s00477－015－1041－5

Sonali，P.，Kumar，D.N.，2013. Review of trend detection methods and their application to detect temperature changes in India. Journal of Hydrology，476：212－227. DOI：10.1016/j.jhydrol.2012.10.034

Storch，v.，1995. Misuses of statistical analysis in climate research. Analysis of Climate Variability：Applications of Statistical Techniques. Springer－Verlag，Berlin.

Su，B.D.，Jiang，T.，Jin，W.B.，2006. Recent trends in observed temperature and precipitation extremes in the Yangtze River basin，China. Theoretical and Applied Climatology，83（1－4）：139－151. DOI：10.1007/s00704－005－0139－y

Sun，Q.H.，Miao，C.Y.，Duan，Q.Y.，2015. Projected changes in temperature and precipitation in ten river basins over China in 21st century. International Journal of Climatology，35（6）：1125－1141. DOI：10.1002/joc.4043

Sun，Y.，Ding，Y.，2009. A projection of future changes in summer precipitation and monsoon in East Asia. Science China Earth Sciences，53（2）：284－300. DOI：10.1007/s11430－009－0123－y

Tao，H.，Gemmer，M.，Jiang，J.H.，Lai，X.J.，Zhang，Z.X.，2012. Assessment of CMIP3 climate models and projected changes of precipitation and temperature in the Yangtze River Basin，China. Climatic Change，111（3－4）：737－751. DOI：10.1007/s10584－011－0144－3

Taylor，K.E.，Stouffer，R.J.，Meehl，G.A.，2012. An Overview of CMIP5 and the Experiment Design. Bulletin of the American Meteorological Society，93（4）：485－498. DOI：10. 1175/bams－d－11－00094. 1

Tu，X. J. et al.，2015. Intra－annual Distribution of Streamflow and Individual Impacts of Climate Change and Human Activities in the Dongijang River Basin，China. Water Resources Management，29（8）：2677－2695. DOI：10. 1007/s11269－015－0963－5

Tyralis，H.，Koutsoyiannis，D.，2011. Simultaneous estimation of the parameters of the Hurst－Kolmogorov stochastic process. Stochastic Environmental Research and Risk Assessment，25（1）：21－33. DOI：10. 1007/s00477－010－0408－x

Vicuna，S.，Leonardson，R.，Hanemann，M. W.，Dale，L. L.，Dracup，J. A.，2007. Climate change impacts on high elevation hydropower generation in California's Sierra Nevada：a case study in the Upper American River. Climatic Change，87（S1）：123－137. DOI：10. 1007/s10584－007－9365－x

Wang，B.，Liang，X.－J.，Zhang，H.，Wang，L.，Wei，Y.－M.，2013. Vulnerability of hydropower generation to climate change in China：Results based on Grey forecasting model. Energy Policy，65：701－707. DOI：10. 1016/j. enpol. 2013. 10. 002i

Wang，S. J.，Wang，Y. J.，Ran，L. S.，Su，T.，2015. Climatic and anthropogenic impacts on runoff changes in the Songhua River basin over the last 56 years（1955—2010），Northeastern China. Catena，127：258－269. DOI：10. 1016/j. catena. 2015. 01. 004

Wang，W. C.，Chau，K. W.，Cheng，C. T.，Qiu，L.，2009a. A comparison of performance of several artificial intelligence methods for forecasting monthly discharge time series. Journal of Hydrology，374（3－4）：294－306. DOI：10. 1016/j. jhydrol. 2009. 06. 019

Wang，W. S.，Jin，J. L.，Li，Y. Q.，2009b. Prediction of Inflow at Three Gorges Dam in Yangtze River with Wavelet Network Model. Water Resources Management，23（13）：2791－2803. DOI：10. 1007/s11269－009－9409－2

Wang，Y.，Jiang，T.，Bothe，O.，Fraedrich，K.，2007. Changes of pan evaporation and reference evapotranspiration in the Yangtze River basin. Theoretical and Applied Climatology，90（1－2）：13－23. DOI：10. 1007/s00704－006－0276－y

Xie，H. T.，Li，D. F.，Xiong，L. H.，2014. Exploring the ability of the Pettitt method for detecting change point by Monte Carlo simulation. Stochastic Environmental Research and Risk Assessment，28（7）：1643－1655. DOI：10. 1007/s00477－013－0814－y

Xiong，L.，Guo，S.，2004. Trend test and change－point detection for the annual discharge series of the Yangtze River at the Yichang hydrological station. Hydrological Sciences Journal，49（1）：99－112. DOI：10. 1623/hysj. 49. 1. 99. 53998

Xiong，L. H.，Guo，S. L.，1999. A two－parameter monthly water balance model and its application. Journal of Hydrology，216（1－2）：111－123. DOI：10. 1016/s0022－1694（98）00297－2

Xu，C. H.，Xu，Y.，2012. The Projection of Temperature and Precipitation over China under RCP Scenarios using a CMIP5 Multi－Model Ensemble. Atmospheric and Oceanic Science Letters，5（6）：527－533.

Xu，J. J. et al.，2008. Spatial and temporal variation of runoff in the Yangtze River basin during the past 40 years. Quaternary International，186：32－42. DOI：10. 1016/j. quaint.

2007.10.014

Xu, X. Y., Yang, D. W., Yang, H. B., Lei, H. M., 2014. Attribution analysis based on the Budyko hypothesis for detecting the dominant cause of runoff decline in Haihe basin. Journal of Hydrology, 510: 530-540. DOI: 10.1016/j.jhydrol.2013.12.052

Yamba, F. D. et al., 2011. Climate change/variability implications on hydroelectricitygeneration in the Zambezi River Basin. Mitigation and Adaptation Strategies for Global Change, 16 (6): 617-628. DOI: 10.1007/s11027-011-9283-0

Yang, H. B., Qi, J., Xu, X. Y., Yang, D. W., Lv, H. F., 2014. The regional variation in climate elasticity and climate contribution to runoff across China. Journal of Hydrology, 517: 607-616. DOI: 10.1016/j.jhydrol.2014.05.062

Yang, H. B., Yang, D. W., Lei, Z. D., Sun, F. B., 2008. New analytical derivation of the mean annual water - energy balance equation. Water Resources Research, 44 (3). DOI: 10.1029/2007wr006135

Yang, S. L. et al., 2010. Temporal variations in water resources in the Yangtze River (Changjiang) over the Industrial Period based on reconstruction of missing monthly discharges. Water Resources Research, 46 (10): 1-13. DOI: 10.1029/2009wr008589

Yang, S. L., Xu, K. H., Milliman, J. D., Yang, H. F., Wu, C. S., 2015. Decline of Yangtze River water and sediment discharge: Impact from natural and anthropogenic changes. Scientific reports, 5: 12581. DOI: 10.1038/srep12581

Yue, S., Pilon, P., 2003. Canadian streamflow trend detection: impacts of serial and cross-correlation. Hydrological Sciences Journal, 48 (1): 51-63.

Yue, S., Pilon, P., 2004. A comparison of the power of the t test, Mann-Kendall and bootstrap tests for trend detection. Hydrological Sciences, 49 (1): 21-37. DOI: 10.1623/hysj.49.1.21.53996

Yue, S., Pilon, P., Cavadias, G., 2002a. Power of the Mann-Kendall and Spearman's rho tests for detecting monotonic trends in hydrological series. Journal of Hydrology, 259 (1-4): 254-271.

Yue, S., Pilon, P., Phinney, B., Cavadias, G., 2002b. The influence of autocorrelation on the ability to detect trend in hydrological series. Hydrological Processes, 16 (9): 1807-1829. DOI: 10.1002/hyp.1095

Yue, S., Wang, C., 2004. The Mann-Kendall Test Modified by Effective Sample Size to Detect Trend in Serially Correlated Hydrological Series. Water Resources Management, 18: 201-218.

Yue, S., Wang, C. Y., 2002a. Applicability of prewhitening to eliminate the influence of serial correlation on the Mann-Kendall test. Water Resources Research, 38 (6): 1068. DOI: 10.1029/2001wr000861

Yue, S., Wang, C. Y., 2002b. Power of the Mann-Whitney test for detecting a shift in median or mean of hydro-meteorological data. Stochastic Environmental Research and Risk Assessment, 16 (4): 307-323. DOI: 10.1007/s00477-002-0101-9

Yue, S., Wang, C. Y., 2002c. Regional streamflow trend detection with consideration of both temporal and spatial correlation. International Journal of Climatology, 22 (8): 933-

946. DOI：10.1002/joc.781

Zeng，X.，Kundzewicz，Z.W.，Zhou，J.，Su，B.，2012. Discharge projection in the Yangtze River basin under different emission scenarios based on the artificial neural networks. Quaternary International，282：113-121. DOI：10.1016/j.quaint.2011.06.009

Zhang，D.，Hong，H.Y.，Zhang，Q.，Li，X.H.，2015. Attribution of the changes in annual streamflow in the Yangtze River Basin over the past 146 years. Theoretical and Applied Climatology，119（1-2）：323-332. DOI：10.1007/s00704-014-1121-3

Zhang，J.X.，Liu，Z.J.，Sun，X.X.，2009. Changing landscape in the Three Gorges Reservoir Area of Yangtze River from 1977 to 2005：Land use/land cover，vegetation cover changes estimated using multi-source satellite data. Int. J. Appl. Earth Obs. Geoinf.，11（6）：403-412. DOI：10.1016/j.jag.2009.07.004

Zhang，N. et al.，2012. Influence of Reservoir Operation in the Upper Reaches of the Yangtze River（China）on the Inflow and Outflow Regime of the TGR-based on the Improved SWAT Model. Water Resources Management，26（3）：691-705. DOI：10.1007/s11269-011-9939-2

Zhang，Q.，Peng，J.，Xu，C.Y.，Singh，V.P.，2013. Spatiotemporal variations of precipitation regimes across Yangtze River Basin，China. Theoretical and Applied Climatology，115（3-4）：703-712. DOI：10.1007/s00704-013-0916-y

Zhang，X.，Zwiers，F.W.，2004. Comment on "Applicability of prewhitening to eliminate the influence of serial correlation on the Mann-Kendall test" by Sheng Yue and Chun Yuan Wang. Water Resources Research，40（3）：1-5. DOI：10.1029/2003wr002073

Zhang，Z. et al.，2011. Evaluating the non-stationary relationship between precipitation and streamflow in nine major basins of China during the past 50 years. Journal of Hydrology，409（1-2）：81-93. DOI：10.1016/j.jhydrol.2011.07.041

Zhao，G.J. et al.，2014. Quantifying the impact of climate variability and human activities on streamflow in the middle reaches of the Yellow River basin，China. Journal of Hydrology，519：387-398. DOI：10.1016/j.jhydrol.2014.07.014

Zheng，H. et al.，2009. Responses of streamflow to climate and land surface change in the headwaters of the Yellow River Basin. Water Resources Research，45. DOI：10.1029/2007wr006665

Zhou，Z.G.，Wang，L.C.，Lin，A.W.，Zhang，M.，Niu，Z.G.，2018. Innovative trend analysis of solar radiation in China during 1962—2015. Renewable Energy，119：675-689. DOI：10.1016/j.renene.2017.12.052

丁一汇，戴晓苏，1994. 中国近百年来的温度变化. 气象，20（12）：19-26.

方书敏，钱正堂，李远平，2005. 甘肃省降水的空间内插方法比较. 干旱区资源与环境，19（3）：47-50.

冯亚文，任国玉，刘志雨，吴吉东，张雷，2013. 长江上游降水变化及其对径流的影响. 资源科学，35（6）：1268-1276.

郭生练，郭家力，侯雨坤，熊立华，洪兴骏，2015. 基于Budyko假设预测长江流域未来径流量变化. 水科学进展，26（2）：151-159.

李菊根，史立山，2006. 我国水力资源概况. 水力发电，32（1）：3-7.

秦大河，Stocker，T.，2014. IPCC第五次评估报告第一工作组报告的亮点结论. 气候变化研究进展，10（1）：1-6.

孙甲岚，雷晓辉，蒋云钟，王浩，2012. 长江流域上游气温、降水及径流变化趋势分析. 水电能源科学，30（5）：1-4.

王文圣，李跃清，解苗苗，王顺久，2008. 长江上游主要河流年径流序列变化特性分析. 四川大学学报（工程科学版），40（3）：70-75.

王艳君，姜彤，施雅风，2005. 长江上游流域1961—2000年气候及径流变化趋势. 冰川冻土，27（5）：709-714.

王艳君，等，2011. 长江流域潜在蒸发量和实际蒸发量的关系. 气候变化研究进展，7（6）：393-399.

闻新宇，王绍武，朱锦红，Viner，D.，2006. 英国CRU高分辨率格点资料揭示的20世纪中国气候变化. 大气科学，30（5）：894-904.

吴绍洪，赵泉慈. 气候变化和水的最新科学认知. 气候变化研究进展，5（3）：125-133.

许继军，陈进，陈广才，2011. 长江上游大型水电站群联合调度发展战略研究. 中国水利，2009（4）：24-28.

冶运涛，梁犁丽，龚家国，蒋云钟，王浩，2014. 长江上游流域降水结构时空演变特性. 水科学进展，2：164-171.

翟建青，占明锦，苏布达，姜彤，2014. 对IPCC第五次评估报告中有关淡水资源相关结论的解读. 气候变化研究进展，10（4）：240-245.

张宏芳，潘留杰，卢珊，高红燕，2015. 1901—2012年陕西降水、气温变化特征. 中国沙漠，35（6）：1674-1682.

张建云，王国庆，2007. 气候变化对水文水资源影响研究. 科学出版社，北京.

张树磊，杨大文，杨汉波，雷慧闽，2015. 1960—2010年中国主要流域径流量减小原因探讨分析. 水科学进展，26（5）：605-613.

张远东，魏加华，2010. 长江上游径流变化及其对三峡工程的影响研究. 地学前缘，17（6）：263-270.

章诞武，丛振涛，倪广恒，2013. 基于中国气象资料的趋势检验方法对比分析. 水科学进展，24（4）：490-496.

长江水利委员会长江勘测规划设计研究院，2003. 长江志：水力发电. 长江志. 中国大百科全书出版社，北京.

长江水利委员会长江勘测规划设计研究院，2004. 中华人民共和国（分流域）水力资源复查成果（2003年）：第1卷 长江流域. 中华人民共和国（分流域）水力资源复查成果（2003年）. 中国电力出版社，北京.

郑景云，尹云鹤，李炳元，2010. 中国气候区划新方案. 地理学报，65（1）：3-12.

中国水力发电工程学会，1949—2011. 中国水力发电年鉴. 中国水力发电年鉴. 中国电力出版社，北京.

钟平安，张梦然，徐斌，2011. 三峡水库入库径流演变分析. 水电能源科学，29（7）：1-3.

